廣告公仔作秀100年

American Advertising Characters
since 1883

梁庭嘉◎文　梁淑芳◎圖

introduction

前言　廣告時代開始

這是一本紀錄1883年以來美國廣告界有關促銷贈品的書。那個年代，廣告尚未形成一種行業，應該也沒有廣告人（advertising man）這個名詞吧!?那種不知道自己在做什麼的感覺，對於20世紀末才進廣告界的人來說是無法想像的。美國廣告業大約在20世紀中葉已經獨步全世界，這是連英文不太好的台灣老廣告人都知道的事，然而一百多年前的美國廣告業又如何呢？到底廣告了沒？

還沒。

19世紀末到20世紀末這一百年來是人類史上極端動盪的年代，東西方一同飽受肉體與精神的折

contents

騰。19世紀的人們在惶惶不可終日中跨進了20世紀，經歷了兩次世界大戰與一次顛覆世界的意識形態之爭，很多國家爆發多次激烈的內戰……作為全球唯一沒發生戰爭，不是戰區的國家「美國」，它在20世紀亞洲及歐洲烽火連年之際，接受了許多來自歐洲轉移過來的生產線，接納了很多歐亞移民，默默茁壯自己的資本社會，漸漸的，美元變得強勢起來，紐約逐漸取代了倫敦的世界金融地位，而英國人無力挽回，連藝術也搶了巴黎的風采，抽象表現主義成為20世紀初美國決定走自己的路而交出的漂亮成績單。儘管1929年發生大蕭條，華爾街崩盤，通貨膨脹，失業率居高不下，自殺案例增加……但是如果與他

國百姓血肉成河的悲劇相比，已經算不幸中的大幸了。在相對安全的社會中，美國企業一點一點進行冒險與實驗，摸索一條行銷與廣告的路徑，書寫了一篇篇創新的美國式行銷廣告理論。當外商廣告公司在1985年前後進入台灣時，他們的行囊中各自帶來了自家的KNOW-HOW，那不是一本厚如《聖經》的天書，只是兩三張A4紙，上面印著一格格空格，不論是李奧貝納（Leo Burnett）、奧美（Ogilvy & Mather）、智威湯遜（J. Walter Thomptson）、麥肯（McCann-Erickson）等知名廣告公司都有自己的一套，那是內部文件並不公開，用來訓練該公司廣告人的策略與創意技巧。就像武俠小說中傳說的武功秘笈一樣，每宗每派都由開山祖師創下心法與招式，後代子弟需要默背、操練、頓悟，才能了然於心，有朝一日游刃有餘，甚至還能自創獨門武功。當然，武功好得靠對手多，敵人越殺越好。

Puppin' Fresh（又名Doughboy），攝於美國加州Cupertino跳蚤市場

Campbell馬克杯，攝於美國加州Cupertino跳蚤市場

亡，求生意志更強烈，藥品在人們心中基本上不是消費品，不只是必需品，而是神，想活命除了吃飯就是吃藥，飯菜自己做，但打針吞藥得求醫生，但買成藥比看醫生便宜多了，有需要就有市場，這時候賣藥人上門了。這些藥品推銷員在全美到處旅行，成了最經常出差的職業人士，賣的可能就是老鼠藥、蛔蟲藥、肺癆藥、腹瀉藥，這些藥在早期社會倍受需要，雖然21世紀老鼠依然健在，但是老鼠藥已經不需要做廣告了，更不需要推銷員，人類需求轉向，需要的是美容藥、減肥藥或是愛肝保腎的成藥。嗯，人類進化成嗑藥族以藥當飯吃，而藥品推銷員也不必到處奔波，只要進攝影棚錄影，長達二十分鐘的廣告節目化在有線電視台不斷播放，這種情形不只台灣，連當今美國也是如此。

● Michelin 1917年廣告，引自LURZER'S INT'L ARCHIVE雜誌，年代期數不詳

西方工業革命之前，所謂商品就是土產，在當地生產、製造與販賣，顧客一般靠鄰居與朋友推薦購買，要不就是自己當白老鼠或是「第一個吃螃蟹的人」。當時得以跨州行銷全美的商品是什麼呢？說來有趣，跟台灣早期廣告業混沌未開一樣，賣得最多的是藥品。亂世中，人更害怕死

工業時代來臨後，西方的農業社會漸漸城市化，整個人類社會突然活躍起來，一條條生產線開啓，平民大眾湧進工廠工作，公共運輸將產品包裝上路，運送到全美國甚至全世界。這個時候消費者在市場上開始看見外面世界的東西，於是靠

商品外觀記住商品，以便下次購買。廠商馬上瞭解商標的必須性，以及包裝圖案的重要性，因為這些能幫助顧客下次指名購買。那是個包裝與廣告才剛萌芽的年代，大人正在適應廣告人生，而如今21世紀的兩歲娃兒已經自個兒在超市裡鑽來鑽去找好吃的，他們認得吃過的東西，完全不需要學習，他們一出生就降生在廣告世界裡，奶粉、尿布、嬰兒食品沒有一樣沒有包裝、商標、與商品名，看廣告買零食是現今小孩的本能，出於胎教，成為智商的基本分數。

道，當然這一百年也淹沒了數不清的商品與廣告公司。這條行銷與廣告之路顯然是市場經濟必然發生的，一百多年後的今天，路上充滿更多的陷阱、困難與問題，但也留下很多前輩費勁完成的案例與作品，最重要的是，一些人貢獻出思考策略的方法，五〇年代還發明了電視，20世紀末普及了電腦網路。當我們回溯一百多年前的美國，看看這個後來引領全球行銷趨勢的國家是如何變成廣告大國的，猶如看一個嬰兒茁壯成巨人的過程，紀錄片倒帶、剪接、縮影，雖然不完全，但是依然可以看到它小心摸索、嚐試失敗、履挫履戰的成功意志。

→ Big Boy，攝於美國加州舊金山市

美國19世紀末的廣告已經有所謂的代言者，他們通常就是人，但不是名人，而是素人，在廣告與包裝上，人物圖片小小的，一點也不強調，但這個普通人在當時並不一般，他代表某一個特殊群體或是次文化，多少帶給商品一絲絲定位與利益，藉以與別的商品做區別，傳達一定的商品訊息。但這些都是後來專家們分析的，其實當時企業老闆的腦子一片模糊，隱隱約約覺得這麼做也許是好的就做了，如果摸索的方向比較正確，在企業百年進程中與1940至1950年代大量冒出的廣告公司好好合作，也能攜手闖出一條康莊大

CHAPTER 01

黑人最紅

1883年，Chris L. Rutt與Charles Underwood兩人研究出一套烘焙鬆餅的麵糊配方，計劃將它商品化，商品需要商品名與包裝，Chris L. Rutt想起他曾在1883年的密蘇里州密西西比河邊看到一個吟遊歌手載歌載舞唱著一首名為《Old Aunt Jemima》的歌，於是就將鬆餅品牌命名為Aunt Jemima（潔咪瑪姑媽），商標也設計成一個黑人姑媽的樣子。不久為了參加1893年芝加哥舉行的世界哥倫比亞博覽會，他們突發異想，要找個女黑人扮演潔咪瑪姑媽在會場上招攬顧客。

Aunt這稱呼來自美國黑奴時代，當時的黑奴雖然已經解放了，但是社會地位並沒有改善，很多黑人只能在有錢人家做僕人、廚師或奶媽，好廚藝的黑人婦女儼然變成一種典型：她們總是胖胖的，包著頭巾，整天在廚房裡忙個不停。年輕力壯的男黑人被叫做Boy，年長一些則被叫Uncle，即使到了1950年代，Lady與Gentleman這類名詞還是不會用在黑人身上，美國白人不太願意黑人與他們享有相同的稱呼。

那麼誰能扮演這個Chris L. Rutt心目中的潔咪瑪姑媽呢？經過精挑細選，曾做過黑奴的59歲芝加哥黑人Nacy Green南茜葛林雀屏中選，她當時的工作就是在一個很卓越的法官家幫傭，事實證明她真是一個很棒的廚子，她具備Chris L. Rutt想要的一張臉，當她扮演包裝上的潔咪瑪姑媽，穿著一件捲邊的圍裙站在展覽會中，一邊表演那首很有名的遊唱歌曲，一邊下廚烤鬆餅，無法不在展覽會場造成轟動，因為從來沒有品牌這樣宣傳過，潔咪瑪姑媽鬆餅一戰成名。南茜葛林從1893年到1923年前後扮演潔咪瑪姑媽長達三十年，不停地全美巡迴演出生活廚房中的潔咪瑪姑媽，直到

Aunt Jemima 1919

儘管潔咪瑪姑媽在全美家喻戶曉，仍然難逃被拍賣的厄運，在首任潔咪瑪姑媽過世後不久，潔咪瑪姑媽鬆餅粉公司於1925年賣給了桂格公司，隔年桂格立刻重振旗鼓，推出潔咪瑪姑媽一家四口，完全是個黑人家庭，潔咪瑪姑媽的先生是 Uncle Mose（摩思叔叔），命名也來自一首歌，名為《老黑人摩思》。摩思很少用來廣告商品，只在桂格公司把潔咪瑪姑媽胡椒鹽罐當做贈品時才出現。他們有兒子懷德與女兒戴安娜。

她車禍過世為止。在她之後，接替演出的是安娜羅賓森，扮演了十八年；1952年由愛蓮璐意絲接棒，她在迪士尼樂園主持潔咪瑪姑媽廚房；最後一個羅絲豪爾也做了全美巡迴表演，直到1967年結束。前後七名潔咪瑪姑媽合力完成七十多年的潔咪瑪姑媽傳奇，將潔咪瑪姑媽塑造成為美國鬆餅粉的第一品牌。在七人中，無疑南茜葛林是最成功，最令人難忘的。潔咪瑪姑媽的形象在漫長的行銷史上經歷多次戲劇性的變化，最後一任的潔咪瑪姑媽已經不綁頭巾了，也減胖不少，與後來在市場上遭遇的競爭者（通用食品的虛擬代言人），一個六〇年代才具體現身的白人家庭婦女 Betty Crocker相比，敏感的黑人身份表徵已經去除完畢。

20世紀初，企業辦促銷的方法流行將代言人印成娃娃布樣，活動辦法一般是一張或兩張商標加2角美元，附回郵即可換購，換購者自己DIY，將布樣縫制成布娃娃給小孩當玩偶。這種近百年的黑人廣告布娃娃如今留存民間的不多，再者因為美國前後經過南北戰爭和黑人人權運動之後，六〇年代之後再也沒有企業敢把黑人塑造成次等人群，供贈品使用。因此在收藏界反而得到物以稀為貴的價值。九〇年代末，一個潔咪瑪姑媽的廣告娃娃已達150元美元身價，摩思叔叔與她的行情平起平坐，而兒子與女兒也各有50元美元行情，然而在二〇年代，她們每個只值2角美元，如今身價暴漲100至300倍。

🖊 Aunt Jemima 1949

在潔咪瑪姑媽的時代裡，潔咪瑪一家四口絕不是舞台上的少數民族，相反的，黑人儼然成了廣告明星，同期還有好多黑人代言者活躍在市場上，譬如 Mammy Castoria（卡斯托麗亞媽咪）、Rastus（羅斯特思）、Anty Drudge（安提卓菊）、Lena（藍娜）等，他們代言的大多是食品，有男有女，造型不外是很會做家事的傭人、餐廳服務員、中老年家庭主婦或祖母奶奶，讓人有一種信賴和倚賴的感覺。譬如藍娜Lena，1917年藍帶精選小麥公司以自家的中央廚房一個外形魁梧的廚娘為藍本設計出藍娜，甚至把她直接做成商標。為什麼選擇她呢？藍帶公司覺得以藍娜的年紀、苦幹實幹的模樣，與天生的一張德國臉……都與公司形象非常吻合，在現存的藍娜布娃娃身上，可以看見她捧著一罐藍帶精選小麥，白色的裙子右下角還印著她的名字Lena。

Cream of Wheat（奶油小麥）公司的羅斯特思Rastus則是男黑人代言者。1890年北達柯達州鑽石磨坊公司老闆Emery Mapes想弄個形象推廣公司的早餐麥麩粥，他將商品命名為奶油麥片，並想起曾在一個平底鍋上看過一個美國黑人廚師的商標，於是依樣畫葫蘆，花5美元請一個曾在芝加哥某餐廳工作的黑人服務員當模特兒，讓他戴廚師帽，穿廚師服，面帶微笑，端著一碗熱騰騰的麥片……然後請名畫家James Montgomery Flagg把他畫出來。1899年這個名字在美國帶著種族歧視意味的羅斯特思，穿得像鐵路餐車服務生的樣子被印在包裝上，非常受歡迎，換購16吋羅斯特

思布娃娃的方法是1角美元附回郵。由於當時沒有肖像權的法律觀念，那個黑人模特兒從未拿到任何以他肖像做商業活動該取得的回報。

➡ Uncle Mose

半個多世紀後，奶油小麥公司已經很懂得做廣告了，1950 年他們在每個廣告娃娃身上附了一封信，意思是熱騰騰的麥片養出好學生。上面寫道：「經過專家證實：吃熱騰騰麥片當早餐，學習成績棒！」還附了一封信給家長：「養孩子是一個重要的事業。」看起來奶油小麥公司全力猛攻學生早餐市場，而且相當成功，才能在市場上持續了六十年之久。

最早的羅斯特思娃娃的兩腿是靠攏的，所以整個布娃娃的人形輪廓不明顯，到了六○年代兩腿才分開來。歷年來羅斯特思娃娃共有三個版本，分別是穿著黑白條紋褲、咖啡白條紋褲，與紅白條紋褲，模樣也逐步年輕化，最晚的版本是1949年，18吋高，穿紅白條紋長褲的羅斯特思。羅斯特思的收藏行情不低，到了九○年代已達200元美元一個。

小黑人也很受廣告企業青睞，當時最受歡迎的是 Gold Dust Twins（黃金去污雙胞胎），他們用在 Gold Dust Scouring Powder（黃金去污粉）的包裝上，畫家是E. W. Kemble，他是專門諷刺種族主義的知名畫家，作品刊登在很多報紙、雜誌與書上。1930年代，黃金去污雙胞胎非常有名，與大家現在逛超市就可以見到Tony the Tiger（家樂氏麥片東尼虎）一樣，非常普遍。

除了黑人，美洲原住民也是一群很有廣告緣的族群，代言商品包羅萬象，從奶油、汽車到保險公司都有，企業喜歡以某個原住民或某個部落的名字為商品命名，像龐帝克汽車取自印地安酋長Ottawa的名字，他在1763年攻下底特律，英雄色彩濃厚，我們看龐帝克的車蓬裝飾就像一個印地安人的頭一樣。如果代言商品是食品，則其訴求想必是健康又自然的，譬如：Lando' Lakes Indian Maiden

（印地安藍多婦人）說她代言的奶油跟她一樣純正又健康。

愛斯基摩人則與冷凍食品直接畫上等號，1921年尼爾森先生發明了巧克力口味的冰淇淋，還賣進酒吧裡，1930年代愛斯基摩派餅公司將這個巧克力冰淇淋推向大眾市場，以一個愛思基摩人大力促銷，1964年大量製作廣告娃娃當做贈品。

不知為何，美國五〇年代以前的廣告代言人物很少白人，不是黑人就是美洲原住民，如果要用白人，就用外國人，譬如遙遠的義大利人，而義大利人通常代言的是食品，他們總是留著一嘴落腮鬍，經常是廚師，像Boy-Ar-Dee（博阿迪），他是一個真人而且就是老闆Hector Boiardi本人。1914年博阿迪從義大利Piaacenza移民美國紐約，幾年後，又搬到俄亥俄州克利弗蘭市謀生，在當地的希爾頓大飯店義大利餐廳當大廚，在那裡，博阿迪的廚藝很受美國人喜愛，顧客光顧後經常跟他索取義大利麵醬帶回家，博阿迪很有生意頭腦，從此嗅出巨大商機，於是包裝生產他自己調製的義大利麵醬，鑑於以往美國

↖ → Rastas 1922

← Eskimo Boy 1964

人無法念出他的義大利姓氏，他乾脆把姓氏分三個音節當做品牌名，方便美國人記憶與發音。

說也奇怪，美國以外的企業才喜歡用美國人當代言人。1960年代日本SONY在美國做了一個Sony Boy（新力男孩）的吉祥物，他是個快樂的白人小孩，有著一對大耳朵與棕色的頭髮。新力總裁當時說道，SONY的創業目標就是要改變美國人對日產商品的不良印象。因為五○年代，美國人只認為美國貨是高檔的，日本貨很廉價，似乎是用完即丟的次級品，這時有個美國人模樣的新力男孩說：「我們的商品和美國貨一樣好喔！」開始扭轉美國大眾的觀念。事實證明，商品力是最基本也是最重要的，後來SONY再也不必跟美國人說這句話了，新力男孩也早已退役。

Sony Boy 1960s →

CHAPTER 02

小孩當家

20世紀初開始,企業發現廣告中混在大人之間的小孩更吸引消費者的注意,因此開始打起小孩的主意,到處找可愛的小孩拍廣告,即便是啤酒和香菸廣告也是如此,雖然沒要小孩示範吸菸或喝酒,但是在廣告中都出現小孩,甚至採用小孩做商標,而且認定用卡通小孩的圖樣很能吸引小孩吵著家長購買,好像由小孩決定大人該吸什麼牌子的菸了。

早期將公司商標的小孩圖樣做成玩偶的包括Uneeda Biscuit Boy(優尼塔餅乾男孩)、Cracker Jack(傑克脆餅男孩)、Sunny Brown(陽光布朗男孩),與Campbell Twins(坎培爾雙胞胎娃娃)。Uneeda Biscuit Boy(優尼塔餅乾男孩)是Nabisco餅乾旗下其中一個廣告娃娃,Nabisco是National Biscuit公司的商標名,由一個叫Adolphus Green的律師在1890年創立的,他買了很多餅乾公司,企圖綜合所有公司口味,從中研究出一個最好吃的餅乾配方。Nabisco就是他聘的一個行銷專家幫他企劃的總品牌名,經過謹慎漫長的調研,1898年終於決定採用Uneeda當做某一款的商品名,Adolphus Green很滿意,覺得這名字聽起來既古典又神奇。1900年公司想要為它設計商標,廣告公司裡一個文案回家找他的五歲姪子戈登做小模特兒,穿著黃色雨衣與靴子,抱著一個Uneeda餅乾盒,這就是第一個Uneeda Kid(優尼

塔小孩），玩偶則在1914年由Ideal Novelty and Toy Campany（愛迪爾玩具公司）創始人Morris Mictom親自製做，因為來自玩具界的名牌，目前優尼塔小孩的骨董行情已達450美元。

← Merry，Minx，Mike

自從1883年有廣告娃娃以來到20世紀初，不同時代的廣告娃娃身上穿的都是當時最流行的衣服，但二次世界大戰過後，潮流變了，廣告娃娃不再追求時髦穿著，變得比較生活化。第一個率先採用這種生活化廣告娃娃的是Birdseye（伯德西）三胞胎，他們是1953年美國通用食品旗下伯德西柳橙汁的廣告娃娃，分別為Merry、Minx、

Mike，三個小孩都穿著長褲，完全中性打扮，看不出誰是男孩誰是女孩，他們不像Campbell Twins坎培爾小孩一副鬼靈精怪的樣子，Merry、Minx、Mike很可愛很好玩。有人將他們與Campbell Twins、Borden's Elsie the Cow、Aunt Jemima並稱全美辨識度最高的四大廣告娃娃。伯德西三胞胎把原公司創辦人捧紅了，因為伯德西就是老闆Clarence Bob Birdseye的姓氏。伯德西先生堪稱冷凍食品之父，他就是發明冷凍保鮮法的人，某一次他發現冰塊可以讓蔬菜保鮮好幾個月，等想吃的時候再解凍即可，1923年他提出專利申請，因此獲得豐厚回報。你看著這三個伯德西小孩多少會聯想起日本不二家牛奶雙胞胎吧!?因為實在太神似了。兩組廣告娃娃都出生在五〇年代，一個在美國，一個在日本，究竟是巧合還是抄襲呢？難說。

● Merry　● Peko & Poko

廣告公仔作秀100年

← Cracker Jack

← Quaker Crackle Boy 1924

Borden食品的Cracker Jack（脆脆傑克）值得一提的是它廣告了一種餅乾新吃法，那完全要歸功其老闆F. W. Rurckheim。有一天他將一把玉米花與花生沾著果醬吃，驚覺那比單吃餅乾的滋味棒多了，於是在廣告中示範，引起一陣風行。脆脆傑克為何會以水手造型作為商標，完全是因為一次世界大戰後，社會上瀰漫一種愛國心所致。

自從20世紀開始，麥片商品就是廣告的大戶，因為廣告目標群是小孩，所以賣麥片的廣告娃娃很多。最早的麥片廣告娃娃是1905年的Sunny Jim（陽光吉姆），18吋高，拿著一包Force（佛斯）麥片，他是留著一頭白髮的新移民W. W. Denslow（登斯洛），平常是個悲觀者，只有吃了佛斯麥片才變得樂觀。佛斯麥片在美國1905年至1915年是很紅的品牌，之後消失了六十多年，1978年再度登場，後來又消聲匿跡了。The Quaker Crackels（桂格脆口男孩）則是目前廣告娃娃收藏界最搶手的夢幻逸品之一，搶手的原因無他，因為桂格脆口男孩出場時間不長，從1924年初次面市到1930年為止只有六年，發售數量不多，留下的就更少。

提到麥片，胖胖的Campell Kids坎培爾小孩是最熱門的，直到現在這個小孩還是很忙，忙著賣麥片。Campbell（坎培爾）公司是美國上百

年的食品公司，1869 年由Abram Anderson與Joseph Campbell共同創立，一開始只賣豌豆罐頭，1873年Joseph Campbell買下整個公司並轉型賣蔬菜罐頭與水果奶油。1897年Dr. Joseph Dorrance發明一種濃縮湯的配方，坎培爾公司與之合作，推出五種不同口味的濃縮湯。坎培爾小孩是費城藝術家Grace Gebbie Weiderseim Drayton的傑作，當她接下這個工作之初，她的丈夫建議她不妨以自己胖胖的樣子當作模特兒，草稿一出，坎培爾總裁非常滿意，覺得胖小孩拿來做坎培爾濃湯的廣告娃娃是絕配。1904 年坎培爾小孩的形象使用在電車卡，並登上

《Ladies'Home》（女士之家）的報紙廣告。就這樣，Drayton為坎培爾小孩一連畫了二十年，一開始他們只是兩個健康活潑的男孩女孩，後來為廣告需要，發展出不同的造型與角色，譬如警察、運動員、水手、軍人、新移民等。1980年代多元文化興起，任何族群生而平等的觀念在美國更加普遍，坎培爾小孩還推出小黑人版。坎培爾小孩登上廣告後第五年，也就是1909年，第一個坎培爾小孩玩偶才做出來，全身絲絨面料，代工廠商是Horsman公司，共有四種尺寸。1911年坎培爾小孩正式獨立作為玩具商品，與坎培爾濃湯分開銷售，1916年順利賣進了Sears百貨公司。1954年流行新材質塑膠，於是開模製造可捏著玩的塑料坎培爾小孩，1956再嘗

← Campbell Kid

試乳膠製作一種號稱有神奇皮膚的廚師坎培爾小孩，不料日子久了乳膠變色，隨後不得不停用乳膠材質。

西諾蘇達麵粉男孩（Ceresota Flour Boy）則是Ceresota and Heckers麵粉公司在1912年首次推出的，睽違了六十年後，1972年再度出場。最早的版本，穿著暗紅色長褲，天藍色短袖上衣，藍色吊帶，戴著棕色的帽子，身高16吋。1972年再度發行時由當時專門做廣告布娃娃的楂思包袋公司代工，廣告娃娃的布樣就印在麵粉袋上，除了與麵粉一起出售外，也可以單獨零售，要價一美元。

嬰兒也是扮演廣告娃娃的常客，最有名的就是Gerber Baby 嘉寶寶貝。嘉寶寶貝剛開始就以一張嬰兒圖做商標，但那是很粗略的素描，使用了好一段時間，1928年公司找了一個畫家Dorothy Hope重畫一次，油畫還沒畫完，嘉寶總裁看見底稿的碳筆素描就買下了，決定不必上色，直接將素描當作正式商標，那就是大家現在看到的那個小嬰兒圖。1936 年推出第一款嘉寶寶貝玩偶，穿著一件超出嬰兒身長的純白色嬰兒洗禮服，戴著一頂小兜帽，一手拿著嘉寶嬰兒食品，另一手抓著玩具狗，身長8吋，以三個瓶罐標籤加一角美元換購，粉紅色或藍色任選，這個嬰兒娃娃連

續三年賣了27,000個。1954推出12吋高的橡膠嘉寶娃娃，以12張標籤加2美元換購。1955嘉寶正式進軍玩具市場，將塑膠嘉寶娃娃與衣帽鞋襪與奶瓶杯盤等配件一起包裝推出，塑膠娃娃頭上有一對手繪的眼睛，玫瑰花苞的小嘴，與一頭金色的軟髮，模型由三〇年代製作著名童星Shirley Temple（鄧波兒）娃娃的Bernard Lipfert負責。1972年推出身長10吋的尼龍嘉寶寶貝，以四個瓶罐標籤加2.5美元換購，同一年還推出了黑人嘉寶寶貝。

🔽 Ceresota Flour

鹽）想做廣告，他們從徵稿中挑出一個撐著傘，拿著一罐摩頓食鹽的小女孩當作廣告娃娃，然後以此看圖說話下廣告標題：「It never rains but it pours（平常不下雨，下就下大雨）」，後來改成「When it rains, it pours（一下雨就是大雨傾盆）」，其實兩句意思一樣，但原句有否定意味，因此改成後來的肯定句。究竟鹽與雨有什麼關係呢？因為當時的製鹽技術不佳，很容易因為空氣濕度高而結塊，唯有摩頓食鹽不含水不結塊，這就成了摩頓食鹽的銷售訴求，也許是投稿者的靈光乍現，卻成了一個延用一百年的創意，其廣告詞與廣告娃娃到現在還在用。第一個摩頓食鹽女孩的玩偶於1970年代推出，8吋高，尼龍材質，穿著塑膠雨鞋，由美泰兒公司代工製作。

🔘 Jell-O 1952

🔽 Morton Salt Girl 1974

1930年代出現了一個經典廣告娃娃，那就是Big Boy（胖小子）。1936年Bob Wian在美國加州的Glendale開了一間小餐館賣雙層吉士漢堡，他名為Big Boy，

NOW'S THE TIME FOR JELL-O

1940到1950年代有個任性但是可愛的小孩Jell-O Baby（傑歐寶貝）出現在布丁粉廣告上，這個嬰兒兩手各抓著一個空碗，哇哇大哭吵著要吃，廣告語是「現在就是傑歐時間（Now's the time for jell-o）」，暗示如果給嬰兒傑歐布丁就可以讓他安靜一點兒。

1914年已有五十年歷史的Morton Salt（摩頓食

因為客人一進門就要來個Big Boy，老闆索性後來將店名改為Big Boy。在店裡，Wian自己的胖兒子與招牌雙層吉士漢堡都很受顧客們的歡迎，讓他賺了不少錢，很快地，他在全加州開了好幾家連鎖店，1967年他轉手賣給了MARRIOT公司。MARRIOT公司繼續經營，但對於資深的廣告娃娃胖小子退不退受很猶豫，於是在1984年舉行內部投票，決定是否要讓胖小子留下來，結果胖小子得到空前支持，故被延用至今。胖小子除了胖胖的很可愛以外，還很淘氣，而淘氣小男孩的形象最能吸引六歲到十二歲的男孩，就像是自己的玩伴一樣，當時美國市場上賣洋芋片的Chesty Boy與賣清潔布的Chore Boy都帶著頑皮的表情，很活潑健康，就像《湯姆歷險記》裡的湯姆一樣，他們吸引那些小男孩、大男孩，以及還有童心的男性消費者。

⚫ Big Boy

Maypo梅博麥片的小男孩Mark Maypo是另一個淘氣的小小孩，他最不乖的一點就是你餵他，他不吃，這與大多數小孩一樣，光吃一頓飯就很難搞定，他的叔叔來逗他，故意將湯匙傾斜，讓湯匙中的Maypo梅博麥片流掉一些，這時候小馬克急得大叫「我要我的梅博！（I want my Maypo！）」廣告一播出，馬上成為最佳廣告金句，的確，表達一個小小孩的情緒，這句很傳神。

吃過保祖卡裘（Boazooka Joe）泡泡糖的人都對品牌營造的冒險個性印象很深。打開泡泡糖，內層包裝的蠟紙就印著一幅幅彩色漫畫，那是主角Joe、女朋友Zena，還有他們那個喜歡把套頭毛衣蒙在臉上的怪玩伴Mortimer三個人的冒險故事。這個用漫畫吸引小孩的泡泡糖在1953年一

Goldilock and The Three Bear

上架，很快地就受到所有小孩子的吹捧，吃保祖卡裘泡泡糖變成小孩子的一種流行。經歷多年後，保祖卡裘泡泡糖有些演變，1990年代出版的《Boazooka Joe》漫畫已改名為《Bazooka Joe Raps》，還被印成八種語言出版，有些漫畫甚至被各國出版社改寫，譬如西班牙的版本就與墨西哥的不太一樣。

Lee牛仔褲也有個Buddy Lee（李男孩）。當時Lee賣的不是大眾流行牛仔服飾，而是各行各業的工作服。李男孩根據的模型並不是真的小男孩，而是1920年代的Kewpie（丘比）娃娃，丘比娃娃是個嬰兒娃娃，最大的特徵就是它低著頭張著一雙大眼睛斜眼瞅著，李男孩模仿它，黑眼珠也好奇地眨到一邊。第一個李男孩穿著卡其布工程師服，當時賣給批發商的售價一打十二個13.5美元，可以當做服裝店的陳列裝飾品，也可以單獨賣給消費者，但是零售價每個2.5美元。當時Lee幫很多美國大公司做工作服，包括可口可樂、Sinclair Oil，John Deere、T.W.A.等。歷年來李男孩共有十七種版本，1949年還出了塑膠的李男孩。

有的廣告娃娃源自童話故事，配合行銷後，將它做成玩具，後來變成大家蒐藏的廣告娃娃，像彼得潘這個永恆的小男孩就是，他出自作家James Barrie的筆下，後來被出版成書，並演成歌舞劇，但他的

具體形象是迪士尼動畫設定的，迪士尼將很多童話主角從兩百年前請出來一一定裝，拍了很多定裝照，因此將彼得潘的形象統一化了，後來Derby食品就藉迪士尼版的彼得潘廣告它的花生醬。

Kellogg's家樂氏大概是美國最會辦促銷的品牌之一了，早在一百年前就動作頻頻。第一個贈品是1910年用1角美元與玉米片盒蓋換購一本《The Funny Jungleland Moving Picture Book》（趣味叢林圖文書），總共賣出兩百五十萬冊，相當轟動。後來藉《鵝媽媽故事集》的童話人物做廣告

布娃娃，1925年推出第一批就是《Goldlock and the three bears》（歌蒂樂與三隻小熊）、1928年推出《Tom，the piper's son》（風笛手的兒子湯姆）、《Bo Peep》（小牧羊女）、《Mary had a little lamb》（瑪麗的羊）、與《小紅帽》等……只要以3角美元加一個瓶蓋就可以換購一張娃娃布樣，還附送兒歌歌本。1950年代家樂式推出一系列尼龍娃娃給小女孩玩，包括Sweetheart Sue、A. Majorette Girl、Smacks Baby Ginger、Little Miss Kay等，一個1塊美元。1964年重新推出廣告布娃娃，尤其1974年的東尼虎與迪恩青蛙讓家樂氏意外賺了大錢。

Bo Peep（小牧羊女）

Little Bo Peep, has lost her sheep.She doesn't know where to find them.Leave them alone, and they'll come home.Bringing their tails behind them.

Mary had a little lamb（瑪麗的羊）

Mary had a little lamb, Little lamb, little lamb, Mary had a little lamb, It's fleece was white as snow .

Tom, the piper's son（風笛手的兒子湯姆）

Tom, Tom, the piper's son, Stole a pig and away did run; The pig was eat; And Tom was beat, And Tom ran roaring down the street.

goldilock and The Three Bear

CHAPTER 03

真人模特兒

用真人做廣告娃娃最家喻戶曉的莫過於肯德基 Harland Sanders（哈藍桑德斯）上校，他似乎已經變成美國南北戰爭後南方遺留下來的陸軍中校刻版人物。其實桑德斯本人與那一身中校制服沒什麼關係，雖然後來肯德基州真的給了他榮譽陸軍中校的名銜，但是他本人根本不是軍人，但他真的很懂炸雞，也懂得搞噱頭做宣傳，整

天穿著白西裝，繫著小領結，在自己的店裡招呼客人，把自己包裝成活招牌，在當地造成很大的成功，如今可說是全世界最具識別性的廣告代言人之一。就因為他出奇招使得他的炸雞非常具個人色彩，1971年肯德基炸雞公司被Heublein公司買下，公司轉手後，炸雞質量大跌，原因出在Heublein公司不知道如何營運肯德基連鎖店。1976年哈藍桑德斯被人爆料說他批評紐約的肯德基炸雞是他有生以來吃過最難吃的炸雞，這使得他和Heublein公司之間產生尷尬與麻煩，因為Heublein公司自從買下他的公司後，依合約每年付他25萬美元，聘他為廣告代言人請他促銷肯德基。雖然Heublein公司經營的肯德基在1977年有點兒好轉，但撐到1986年，還是不得不轉手賣給百事公司。

曾經在台灣出現過的Wendy's Old Fashioned Hamburgers（溫蒂漢堡），招牌是一個微笑的溫蒂女孩，她是以溫蒂漢堡的食品供應商Dave Thomas的女兒命名的，但是樣子並不像他的女兒。根據資料Dave Thomas就是當初那個建議炸雞達人哈藍桑德斯開炸雞店的貴人。

Meltonian鞋油的Dapper Dan（紳士丹）現在已經很難見到了。紳士丹的形象是一個1920年代注重打扮的城市型男，他為鞋子花得起錢，

← KFC，攝於北京KFC

Colonel Sanders 1954

現在美國已經很少用某個刻版人物來訂做廣告娃娃了，美國是個民族大熔爐，是多元族群的組合，每一群小眾都有自己的原則與最在乎的事，要小心處理的敏感事太多了，廣告客戶與廣告公司都不能踩到地雷，否則付出的代價很驚人。最安全的辦法之一就是像桑德斯上校建立的典範一樣，乾脆老闆自己跳下去當推銷員，賣自家商品，這個做法變成一種案例，可以模仿的模式，但是最好那個人的長相很奇特很有趣，具有吸引力，如果公司高階人士沒有人選，或不願意拋頭露面，只好找演員來演。

又胖又壯的人很自然是廣告代言人，因為強壯的人廣告需要力量與耐力的產品很有說服力。華盛頓電力公司用一個叫做Tuff Guy（難纏傢伙）為家庭用電做宣傳，表現商品耐久又有力，難纏傢伙一開始的形象有點可怕，打赤膊、皺眉頭，後來他被大改造，逢人就笑，

Meltonian 鞋油賦予紳士丹好品味與高格調，來與商品做結合。約翰走路威士忌也屬於這類，約翰走路的廣告娃娃是一個穿著黑色英國獵裝的紳士，暗示著練達的男士就喝約翰走路。另一個猶如Q版紳士丹的是 Esquire雜誌的Esky（艾斯奇），艾斯奇有雙骨碌突出的眼球，配上一嘴大鬍子，艾斯奇不像紳士丹或約翰走路是頭腦清楚的人，反之，他有點迷糊，但是就像所有紳士一樣，艾斯奇的品味很好，意謂著如果相信他的品味，你也應該看Esquire雜誌。

穿T恤、繫圍裙，還戴廚師帽，看起來就像個鄰家的維修師傅，親切多了，唯一不變的是他強壯的體格。

● Dapper Dan 1930s

● Esky 1940s

Quarker Oats Man（桂格燕麥人），大家都很熟悉，他是目前還在使用的最早的廣告娃娃之一。Quaker是基督教教友派的意思，選擇它做商品代言人是因為當時輿論都認為基督教教友派是道德、健康、愛清潔的代表，也是全社會的朋友。問題是基督教教友派人士非常不喜歡與燕麥公司有這種關聯，甚至上法院要求與早餐燕麥劃清界限，但是沒有成功。諷刺的是，最早使用Quarker一詞的是法官，那是因為基督教教友派創始人曾經對法官說，如果要提到上帝一詞，必須表示敬畏並顫抖才行，法官於是語帶輕蔑地以Quarker稱謂基督教教友派。

一般來說，服務類的代言人都是以真人為模特兒的，像H.P.乳品的Harry Hood就是一個牛奶送貨員，還有Oerity Bar Tender（歐若提調酒師），克利蒂醫藥繃帶的Miss Curity（克利蒂護士）等。形象比較生動的是Western Extermination Agency（西方補鼠公司）的 The Little Man With A Hammer（榔頭人），這個矮個兒的男人不穿檢查員的制服，反而像殯葬師，因為他的工作是送老鼠上西天，他抓著一隻鐵鎚藏在背後，正在引誘一隻老鼠靠近他，然後準備一敲斃命。

六〇年代，出現很多家庭主婦的廣告代言人，主要因為二次世界大戰後，美國社會發生了劇烈變化，儘管物質豐富但人心脆弱孤獨，人們開始沉緬於舒適的家庭生活，當時美國女性泰半二十歲就已結婚並放棄上大學，1940年至1957年，二十歲以下女性生產的嬰兒數目增加了百分之一百六十五，那個時代的女性將自己侷限在家庭主婦與母親的角色，放棄教育與職業的願望。在大眾媒介中，「幸福的家庭主婦」成了典型美國婦女形象和千百萬女性追求、仿效的樣板，廣

告中盡是漂亮的家庭主婦站在泡沫四溢的洗碗槽前，快樂的洗碗盤。很直接的，一般持家需要使用的清潔用品當然就以家庭主婦代言，如S.O.S.公司設計了一個S.O.S.婦女，她的造型與普通家庭主婦無異。在美國六○年代興起女性主義運動之前，人們很少注意這個形象有什麼問題，著名的3M公司當時也是跟隨潮流以一個家庭主婦戴著頭巾，高高興興做家事的樣子。

在所有家庭主婦形象之中，堪稱女王角色的是Betty Crocker（貝蒂科克爾），命名的人是Washburn-Crocker公司的董事William Crocker。貝蒂科克爾的樣子再平凡不過，是個讓人不會留下任何印象的平凡媽媽。當公司兼併了其它麵粉公司重整通用麵粉時，貝蒂科克爾被拱上去變成一個全國性的廣告人物，地位相當全美家庭的廚房女王。但是1972年美國婦女大會對通用麵粉提出控告，控訴其使用貝蒂科克爾的形象倡導女性當家庭傭人的觀念，有鼓勵性別岐視的嫌疑。為了平息輿論聲浪，很快地，貝蒂科克爾從所有廣告消失了。到了21世紀的美國，一般家庭主婦自我介紹時特意使用House Keeper，而不喜歡別人說她是House Wife，因為前者有在家工作的意思，工作內容為一般家務，大概美國家庭主婦想宣稱她也是有工作的人吧！

Quaker Oats Man 1950s

可口可樂第一個廣告娃娃是1930年的Tickletoes the Wonder Doll，但是最有名的則是1958年的可口可樂聖誕老公公，請來藝術家Haddon Sundblom將傳統的聖尼古拉斯的嚴肅模樣改去，請退休的可口可樂業務員普蘭提斯當模特兒，重新設計了一個活力十足、天天快樂的聖誕老公公，他的手裡拿的一瓶可口可樂，插著一根吸管。這個就是後來普遍流傳美國的聖誕老公公版本，現在大家再也看不到那個嚴肅的聖尼古拉斯了。

CHAPTER 04

商品擬人化

早在一百年前,企業就開始使用擬人化的宣傳手法了,擬人娃娃比真人娃娃帶給別人更多想像。做法很簡單,就是將商品變成人,只要加上臉、手與腳就行了,譬如腰帶,就將腰帶頭加張臉,像Royal London's Belt Man(皇家倫敦腰帶)就是這樣。如果賣啤酒,啤酒罐就是他的身體。如果商品不好擬人化,那麼就只能用創意了,譬如

石油,最常見的就是在一滴油上加五官,像標準石油公司的Esso Oildrop(埃索油滴人)。如果賣的不是商品而是服務,可以把幹活的工具加張臉,譬如Orkin(歐而金)殺毒服務公司的Otto the Orkin Man(奧托),就是擬人在一個面帶微笑的殺蟲罐上面。

最早的擬人娃娃直到現在還在用,它就是Bibendum(必奔登),大家習慣叫他Michelin Man(米其林人)。當法國人André被聘請去接管正在建立的輪胎公司,他很快地把他富有想像力的哥哥Adouard列入顧問名單。

20世紀以前,汽車的輪胎都是實心的,1891年Adouard為公司設計了一款新的自行車輪胎,那是一種抽換式的充氣內胎,在此之前,自行車輪胎大多是整塊橡膠的,要不就是黏在輪圈上的一圈充氣輪胎。抽換式充氣內胎讓修理輪胎大大方便起來,米其林兄弟將這種輪胎申請了專利,馬上大發利市,成為法國所有單車騎士的最愛。很快的,法國每一部自行車都用米其林充氣輪胎了。

這種一圈又一圈輪胎的想法讓André想起四年前參觀一個展覽,他曾看到一疊輪胎疊成一個人體軀幹的樣子,就憑這個印象,找了一個設計師將這個想法具體下來,再聘請法國海報設

計大師 O'Galop修改米其林寶寶的造型。至於Bibendum這個名字則是因為看著第一張廣告的標題「Swallow up all obstacles（吞下所有障礙物）」所激發出的靈感。Bibendum來自拉丁文「Nunc Est Bibendum」，意思是「讓我們喝下去！」，廣告中Bibendum抓著一個玻璃杯，一副乾杯的樣子，杯子裡面卻是指甲片、碎玻璃，以及其他會引發爆胎的垃圾。一開始米其林人是個強壯的傢伙，他抽煙、喝酒、到處跑趴，但是現在的他則是很健康的形象，戒煙戒酒，每天精神飽滿的樣子。

流傳很久，發行成功的擬人娃娃通常樣子都簡單得可以，當你看到Mr. Peanut（花生先生）這個上市最早也是撐最久的廣告娃娃時，心裡一定想：「這玩意兒小孩也畫得出來！」的確，花生先生的樣子一

Michelin Man 1981

點也不精緻，誕生的故事也很偶然，一切很隨意就冒出來了。19世紀末一個移民美國的義大利小販Amadeo Obici在賓州威齊巴瑞市Wilkes -Barre弄了一個水果攤賣水果，跨入20世紀的第一年，他以4塊半美元買一個花生烤箱開始賣烤花生，這個不起眼的點子後來變成他的搖錢樹，烤花生大賣，連擺在旁邊的水果也蒙其恩惠，簡直成了爆紅路邊攤。到了1905年，因為烤花生生意太火了，Obici乾脆放棄賣水果，專賣烤花生，他與姐夫成立Planters Nut and Chocolate（普蘭提爾花生巧克力）公司，1916年對外徵求商標設計，結果跌破大眾眼鏡，得獎者是一個年僅十四歲的男孩，經過專業插畫家修改後，花生先生更輕鬆快活又有國際感，他多了一把拐杖、一頂高帽子，與一個獨眼龍眼罩，這樣的裝束可說是那個時代的人的化身，反映了19與20世紀交替時最流行的男士穿戴。1917年Obici在《週末晚報》買了全版版面，將花生先生介紹給美國人。花生先生在市場馳騁半個世紀，直到1967年魅力依然不減，當時負責代工的楂思包袋公司一週就要做一千個花生先生的廣告布娃娃，後來累計大賣四十五萬個。普蘭提爾花生與巧克力公司在20世紀初就知道廣告娃娃具有巨大的商業潛能，當時很多企業推出廣告娃娃，但是很少企業把廣告娃娃導向周邊商品收集品的方向，這個點子到現在依然被很

廣告公仔作秀100年.

多國際品牌複製著。1930年代花生先生開始發展周邊商品，像撲滿、胡椒鹽罐、花生磨粉器、原子筆等，逐漸發展成一個迷你產業，只要消費者寄一個空的包裝盒再加一點小錢就可以換購某一樣周邊商品，因為發展的周邊商品很多樣，因此形成一種蒐藏的風氣。

其實，水果與蔬菜是擬人娃娃最自然的人選，像Mr. Potato（馬鈴薯先生）緊緊抓住小孩的心，難怪很多最好的擬人娃娃都是水果蔬菜扮演的。當H. J. Heinz（漢斯公司）推出蕃茄醬時，它就創造了一個Aristocrat Tomato（蕃茄貴族），就像花生先生一樣，也是個紳士版的擬人娃娃。另一個比較極致的蔬菜擬人娃娃是1970年卡夫Kraft的Salad Man（沙拉人），為什麼說極致呢？因為整個沙拉人完全由蔬菜組裝而成，頭是蕃茄、軀幹是高麗菜、手臂是蔥、腿是芹菜，看起來讓人聯想到六〇年代普普藝術家Arcimboldo的風格，他以水果堆砌成一張臉來繪畫人生。

🔜 Mr. Peanut

不是每個廣告娃娃一定屬於某個品牌或企業，有的也為政府服務，像The Florida Orange Bird（柑橘鳥）就是佛羅里達州柑橘部用來幫農民促銷柑

橘的，電視廣告上，柑橘鳥在喝著橘子汁的演員頭上飛來飛去，是個很愜意輕鬆的廣告，也是整個1970年代美國曝光度最大的廣告之一，這隻柑橘鳥讓柑橘與佛羅里達州幾乎畫上等號，廣告活動非常成功。

United Fruit Company（聯合水果公司）的Chiquita Banana（奇奎塔香蕉）當時遇到的市場問題有兩個，一是消費者把香蕉放進冰箱冷藏，殊不知香蕉不需要冷藏，但是之前苦口婆心教育消費者的廣告似乎沒什麼效果；再者，消費者在市場上不懂如何辨別哪一串香蕉是奇奎塔香蕉。聯合水果公司於是在每串香蕉上貼了一個印有商標的小貼紙，這個辦法顯然現在很多水果商依然依樣畫葫蘆，但它在當時是很不同凡響的行銷創意。1944年聯合水果公司請芝加哥廣告公司做廣告，設計了一個穿著豔麗的狂歡節森巴舞孃當做

郎布娃娃是市場上第一個被別的品牌借用的廣告娃娃，以現在的說法就是異業結合，譬如1955年她為家樂氏玉米麥片促銷，奇奎塔香蕉女郎被做成可以擠壓的洗澡玩偶；1974年再成為某女性雜誌與週日漫畫的贈品，1.75美元加兩個貼紙即可換購。

← Florida Orange Bird 1970s

↓ Chiquita Banana 1974

以食物做擬人娃娃並不限於農產品，很多是熟食。很多提供開車購買的速食店就在漢堡上加

廣告娃娃，這個廣告娃娃的靈感來自1940年代好萊塢唱跳歌手Carmen Miranda（卡門‧米蘭達）。米蘭達來自巴西，是個歌舞片明星，讓人印象最深的是她在電影《The gang's all here》超大場面引領大批男女隨著《The girl in the tutti frutti hat》的旋律集體歌舞，同樣的熱鬧氛圍營造在廣告上，使得整個1940年代，幾乎每個人都會唱奇奎塔香蕉的廣告歌。想獲得奇奎塔香蕉女郎布娃娃只要附1.75美元加兩個奇奎塔香蕉貼紙即可換購，附贈廣告歌曲唱片，以及一本奇奎塔香蕉食譜，算是物超所值。另外，奇奎塔香蕉女

↑ Funny Face 1971

張臉，其中最有名的是麥當勞的Speedee（史比迪），1950年代所有麥當勞的店裡就是用大大小小的史比迪當做裝飾品。熱狗也擬人化，像Nathan's Famous Hot Dog（納森熱狗）的Franky Man（法蘭奇人）就是一例。

1965年Campbell-Mithun（康百米桑）廣告公司為Phillsbury（菲爾百瑞）果汁系列設計一系列The Funny Face（水果笑臉）娃娃，包括葡萄汁、橙汁、櫻桃汁、草莓汁、覆盆子汁等，每個口味都有一個廣告娃娃，以葡萄汁笑臉娃娃為

首。當時菲爾百瑞果汁系列標榜他們的果汁不加傳統的糖，而是添加一種名為Calcium Cyclamate的人工糖精，吃起來跟真糖一樣，因為前所未聞，所以這個訴求當時很受矚目，造成那幾年市面上的各類新商品都標榜它們加的是人工糖精。不幸的是，Calcium Cyclamate後來被證實是致癌物質，實驗中還毒死了白老鼠，非常駭人聽聞，美國食品及藥物管理局（FDA）全面嚴禁，菲爾百瑞灰頭土臉，只能全部下架，重新修正配方，後來以另一種人工糖Saccharin取代之，但是銷量

仍然沒有起色。1980年菲爾百瑞只好把水果笑臉娃娃與商品一起賣給了Brady（布萊迪）公司，這是一家只在美國東部銷售的小公司。

擬人娃娃對孩子有很大吸引力，所以廣告商總是喜歡用它們來促銷商品，這一點並不奇怪。M&M's公司為了賣純巧克力與花生巧克力，1950年代設計了M&M's Fun Friends（有趣朋友娃娃），並搭配自動販賣機，讓小孩自己操作巧克力機器，就像玩具一樣，每次購買就玩一次機器的感覺，使得M&M's巧克力橫掃零食市場，在市場上樹立無敵的地位，但是這樣風光的背後卻是一幕幕激烈的家族內鬥史。

M&M's公司創辦人Forrest Mars（法雷斯·馬爾斯）的父親是Frank Mars（法蘭克·馬爾斯），他就是世界知名的家族企業Mars（馬爾斯）糖果公司的老闆，父子兩人一直嚴重不合而互不往來，後來甚至導致兒子搬到英國居住，完全不與父親聯絡。在英國，法雷斯·馬爾斯無意中發現一種在英國很受歡迎的糖衣巧克力Smarties，那東西當時在美國並沒有，法雷斯馬爾斯一眼看出商機，於是買下權利引進美國販賣，以M&M's為名推廣。法雷斯·馬爾斯的行銷手腕相當厲害，二次大戰時M&M's巧克力甚至擠進美國空軍一級配給糧食名單。就憑著M&M's巧克力發達致富的法雷斯·馬爾斯在1964年不惜激起家族內部更大的風暴，一舉購併了他爸爸晚期的公司。

● M&M's Fun Friends

1950至1960年代，M&M's巧克力狂上電視打廣告，但是同期與它相抗衡的最大競爭者HERSHEY'S（賀喜）卻很安靜，賀喜當時的品牌策略就是不做廣告。賀喜創辦人Milton S. Hershey說：「Give them quality」，意謂給消費者品質就是最好的廣告。1960年代M&M's成為全美糖果第一品牌，賀喜熬到1970年終究不得不廢除不做廣

告的策略，也做了一系列很迷人的廣告，儘管賀喜推出過泰迪熊當贈品，但到現在它始終沒有一個像M&M's有趣朋友那樣受歡迎的廣告娃娃。

 Hershey's Bear

Karo（卡蘿公主）是個印地安公主，她為精選玉米公司Corn Products Refining Company做廣告，造型由印地安頭配上玉米身體組合而成，因為玉米是美國土產，這樣的連結很自然。精選玉米公司公司成立於1842年，創辦人Thomas Kingsford發明一種可以分離玉米粉的糖與澱粉的技術，這樣一來，玉米變成一種可以取代糖與澱粉的便宜原料。1890年代的初期，精選玉米公司從來不做廣告，因為根本不需要，該公司的產量簡直壟斷了整個美國玉米市場，但是這樣的好運直到1916年結束，因為美國政府頒布了一部《反托拉斯法》，嚴格取締市場壟斷，精選玉米公司被迫接受市場上出現競爭者。

Sun Maid（聖美）葡萄乾的命名是因為加州葡萄乾的製作方法是採收後直接曝曬在金色陽光下，直到葡萄自然變成葡萄乾為止。包裝上的聖美女孩來自加州Fresno市一個叫Lorraine Collette的小女孩，有一天她頭戴著紅色兜帽坐在滿是葡萄的葡萄園裡，正好一群加州葡萄乾公司的職員經過被她的模樣吸引了，故請小女孩擔任加州葡萄乾女孩，先是捧著一籃葡萄拍照做包裝，後來和兩個大姐姐到巴拿馬亞太博覽會現場促銷葡萄乾，週薪15元，並搭小飛機到美國各州在空中拋灑加州葡萄乾試吃包。但是聖美葡萄乾並非以聖

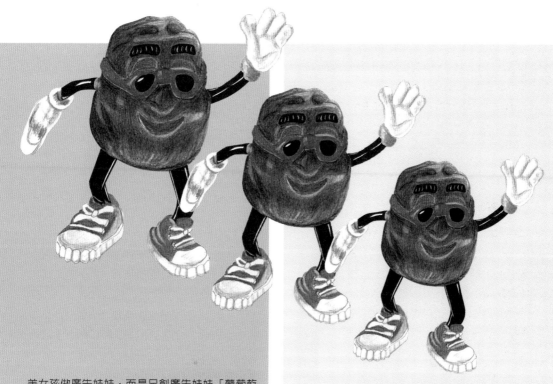

廣告公仔作秀100年

美女孩做廣告娃娃,而是另創廣告娃娃「葡萄乾仔」出場,他大概是最受歡迎的廣告塑膠娃娃之一,葡萄乾仔在1980年代以健康零食的形象演出處女秀,讓人印象比較深刻的是請黏土動畫大師Will Vinton製作了一組葡萄乾仔樂團演唱靈魂樂、演奏爵士樂,譬如Marvin Gaye的《I Heard It Through the Grapevine》,數以百萬的人愛上這群會跳舞的葡萄乾仔,最紅火的是他們演奏葡萄園主題曲,當時大家都朗朗上口。

⬆ California Raisin

擬人娃娃不像真人娃娃會漸漸消退,很多擬人娃娃現在依然披掛上陣,就跟20世紀初受到青睞一樣,廣告主喜歡用他們是因為他們的商品辨識度很高,與產品本身結合在一起,讓商品是英雄,可以自己表演。

CHAPTER 05

動物會說話

與真人娃娃、擬人娃娃一樣，動物娃娃在19世紀末就有了。牠們被用來代表象徵的東西，有些關聯性很高，有些則不然。關聯高的如北極熊被用來廣告冰品，譬如Teddy Snow Crop（北極泰迪熊）被用來廣告Snow Crop冷凍橙汁。

在原住民文化中，賦予了動物各種精神，這種動物主義到現在還用在廣告上，最常見的是以動物當做吉祥物，美國最早的動物公仔是Nipper（尼波）。尼波是一隻狐狸狗，牠的主人不幸過世了，葬禮上尼波被留聲機裡傳出來的主人聲音所吸引，不禁探頭進入留聲機的喇叭去尋找主人。狐狸狗的新主人是前主人的弟弟，即畫家Francis Barround，見狀靈機一動，把這一幕畫起來，遞給一家美式留聲機公司試探他們有沒有採用的興趣，結果對方不為所動，Barround毫不氣餒，再接再勵，又遞給另一家留聲機公司試試，那家英國留聲機公司Gramophone非常有興趣，買下它，並找了一個設計將它改成七十八轉留聲機，該公司就是後來的Victor Talking Machine Company，1929年被RCA買下，尼波變成RCA Victor的商標。

很多人在美國都搭過Greyhound Bus（灰狗巴士），那是一家擁有百年歷史的大眾運輸公司，創辦人Carl Wickman當初之所以利用灰狗當作商標，出發點並不是因為灰狗奔跑的速度，而是牠的毛色。1914年Wickman創業時，美國很多馬路還只是泥巴路，Wickman有一輛七人座的汽車Hupmobile，利用它在城鎮間載客，但是只要上路幾個小時，整部車就變成一團灰，因為怕嚇著乘客，Wickman只好把整部車漆成灰色。有

一回，一個乘客說看他的車駛過來就像一隻灰狗跑過來一樣，威克曼靈機一動，乾脆將公司名改為灰狗，廣告詞就是：「Ride the Greyhound！（騎上灰狗吧！）」

當你逛街時，一定看過Hush Puppies這家鞋店吧！1970年代Wolverine 鞋業公司以一隻Bassett Hound（巴賽特獵犬）做廣告。到底鞋與狗有什麼關係呢？Hush Puppies這個詞來自美國南部幾州，是一種用玉米煎餅配上鮎魚一起給狗吃的飼料，狗狗很喜歡吃，每次吃的時候就會乖乖上一會兒，Wolverine用這個詞來引喻安靜，暗示鞋子沒噪音。

除了狗以外，貓也常被用來做廣告娃娃，但是人與貓的關係與狗不同，很多人對貓是怕怕的，對貓總是有不好的聯想。人養狗可溯自一萬兩千年前，相較之下，養貓當寵物就好像新玩意兒一樣，人類最早養貓到四千年前的埃及才開始。歐洲中世紀時，貓就被認為是邪惡的代表，養貓者與貓會被一起吊死或燒死，黑貓尤其不吉祥。諷刺的是，20世紀廣告上出現的貓往往是黑貓，Cat's Paw（貓爪橡膠鞋）與Eveready（永備電池）就是兩例。另一種風格是酷貓，酷貓的造形很好辨別，他們通常帶著墨鏡，像七喜汽水的Seven-Up Spots（七喜焦點），他們除了墨鏡與

球鞋以外，什麼都沒有，這些愛搗蛋的小東西到處出沒，趁人沒注意把七喜瓶罐的拉環拉開，要不然就是到處搞破壞，你怎麼樣都捉不到他們。

勁量電池的The Energizer Bunny（勁量兔）可以說是廣告界的得獎常勝軍，自從上市第一個系列廣告開始就得獎連連，而且全球遍地開花。最主要是因為廣告策略的定位很清楚，商品力的表現很高明又有趣，在早期中的廣告可以看見，就算勁量兔遭遇惡名昭彰大壞蛋攻擊，譬如大金鋼、吸血鬼德古拉、黑武士等，都不能阻撓牠繼續打鼓，不僅持久而且有勁。

● Energizer Bunny

鳥也是常見的廣告代言動物，除了Old Crow威士忌與The Stork Club夜總會之外，不知為何，鳥經常幫鞋子賣廣告，譬如Red Goose、Weatherbird、Poll Parrot 都是，連Kiwi鞋油也來攪一腳，用一隻不會飛的Kiwi鳥當商標。神話中，貓頭鷹代表智慧，廣告也就很喜歡引用，Wards 商

店就用Wise-Buy Owl聰明買家貓頭鷹來廣告店裡賣的溯溪輪胎，廣告中，這隻貓頭鷹戴著一頂服務員的帽子，把輪該藏在牠的翅膀下。

企鵝是廣告人的最愛，因為牠討人喜歡又不通俗，不管是不是賣冰品，都有可能用到牠，連Munsingwear 服裝公司都派企鵝出場。最有名的企鵝是Brown & Williamson Tobacco Corporation（布朗與威廉森煙草公司）的Willie the Kool Penguin（威利企鵝），就像潔咪瑪姑媽與摩斯叔叔一樣，威利也有女伴Millie（米麗），但她

只是個配角，只用在促銷廣告上。另外，專賣雞湯的史雲生有一隻Swanson Penguin（史雲生企鵝），穿上黑色漂亮的燕尾服粉墨登場，負責賣冷凍食品「電視晚餐」。

除了肯德基以外，美國一般的炸雞店都愛用雞來拍廣告，1950年代末到1960年代初期所有的雞娃娃沒有比Chicken Delight（迪萊炸雞店）更有名了。與餐廳同名的雞娃娃戴著廚師帽，高高舉著一個盤子，裡面放著餅乾與一隻雞腿。當時迪萊炸雞店在全美國生意興隆到處開分店，廣告詞是「Don't cook tonight, call chicken delight！（今晚不做飯，迪萊炸雞當飯）」儘管廣告詞不賴，但最後還是因為很難與肯德基競爭，內部管理也有問題，迪萊炸雞只能變成美國人的回憶。

1936年Borden Dairy（博登乳業）為一系列廣告設計了很多乳牛造型，相繼推出後，卻只有其中一隻捉住大家的眼光，牠就是Elsie（艾爾希），於是1939年艾爾希乳牛被選中為博登乳業的廣告娃娃。在紐約世界展覽會中，艾爾希乳牛大出鋒頭，男女老少都喜歡牠，連好萊塢影業都要牠在電影《小婦人》中露個臉，算是拍過電影了。後來博登乳業還為艾爾希配了一個女伴Elmer（艾爾瑪），因為是配角，艾爾瑪只在促銷廣告中出現，促銷牛奶的副產品白膠。

Elsie 1970s

熊熊作為廣告娃娃的方式有兩種，一種是真熊，另一種則是泰迪熊。真熊的用法與利用美洲原住民做廣告代言人一樣，不外乎注入天然的商品特性。至於泰迪熊則是想博得目標群對商品的好感度。

泰迪熊就是玩具熊，為什麼叫做泰迪熊呢？這個故事與後來當選美國總統的Theodore Roosevelt（西奧多‧羅斯福）有關。1902年羅斯福去密西西比州旅遊，之前在美國南方的時候，羅斯福就對打獵很有興趣，當地人知道這事，想為他圍捕一隻熊讓他打獵，無奈找到的都是小熊仔，羅斯福不忍獵殺小熊，謝絕好意。漫畫家Clifford Berryman看到這段新聞插曲後，將它畫成漫畫登在報紙上，美國Ideal Novelty and Toy（艾迪爾玩具公司）的Rose and Morrie Michtom夫婦以多年的商業嗅覺，預感有個搶手貨要誕生了，馬上趕工製做一隻穿著羅斯福狩獵裝的絨毛小熊樣品，寄給羅斯福徵詢是否可用他的小名Teddy幫小熊命名。不久羅斯福回信了，他寫道：「我想我的名字對玩具熊沒有什麼商業價值，不過歡迎你用！」就這樣，泰迪熊誕生了，艾迪爾玩具公司也再生了。在此之前，艾迪爾始終打不進廣告娃娃的市場，1902年後完全改觀，泰迪熊成為非常有觀眾緣的廣告娃娃，牠幾乎幫每一類商品促銷，從果汁、麥片、霜淇淋、汽油、銀行、報

Smoky Bear

紙、雜誌、百貨公司，與超市等，譬如：Travel Lodge旅館推出The Sleeping Bear（愛睡熊）招攬旅客、Snuggles Fabric Softner（思納果衣物柔軟精）贈送泰迪熊，象徵性最強的是代表美國農業部森林服務處的Smokey the Bear（煙霧熊）。1950年新墨西哥州森林大火，大火被撲滅後，消防隊進入森林做最後檢查，赫然在一顆樹上發現一隻被燻黑的小熊黏在樹幹上，小熊立刻成為全美家喻戶曉的新聞人物。搶救後，小熊被送到華盛頓特區，成為美國農業部森林服務處的代表，也成為該處後來的廣告明星，取名為煙霧熊負責宣導杜絕森林大火，煙霧熊拍了很多廣告，可說是美國最早期的環保廣告了。煙霧熊的可憐遭遇

與後來投入環保的貢獻，很受美國人的珍愛，粉絲來信每天如雪片般飛來，數量之多，美國郵政特地為牠設立了專用的郵遞區號，光一周就能收到一萬三千封信，粉絲團勢力驚人。1976年牠接起外快，還成為Aim牙膏的廣告贈品娃娃，但就在那年，煙霧熊不幸過世了。

一般來說，廣告娃娃的誕生自一開始就被設計好的，但是有時候人算不如天算，命運也加入安排，還因為一路不得已卻成就了品牌。1953年Hugh Hefner準備開辦他的雜誌，取名為《Stag Party》（雄鹿舞會），他聘了漫畫家Arv Miller畫一隻穿著男士便服的雄鹿站在中年單身漢家裡的火爐旁。不料，馬路消息傳到《Stag》（雄鹿雜誌）那兒，他們聽說有一本命名跟他們很類似

的雜誌準備出刊，直覺會影響他們的生意，馬上警告Hefner不准出版，Hefner被迫將雜誌改名為《Play Boy》（花花公子），要求漫畫家把鹿改成兔子，Hefner把兔子的表情設定為溫文瀟灑的樣子，從第二期起，乾脆將兔子放在封面上，一放就放到現在。

1930年代家樂氏為早餐麥片推出了一系列動物娃娃，譬如Freckles the Frog（雀斑青蛙）、Crinkle the Cat（皺紋貓）、Dandy Duck（時髦鴉）、Dinkey the Dog（機車狗），以及1960年代的Tony the Tiger（東尼虎），直到現在還陪伴小孩們吃早餐。

Tony the Tiger 1970

Charlie the Tuna（鮪魚查理）是1960年代Ralston Purina公司的商品，牠是一隻會說話的鮪魚，一口鯊魚牙，看起來很兇但其實很和善，話很多又很快，以知名猶太演員Bernardi配音，特色十足，使得牠變成廣告圈裡的個性魚。故事是

這樣的：鮪魚查理夢想得到Star Kist鮪魚罐頭的青睞，選牠來做鮪魚罐頭，以牠的內臟、剁塊、烹調、裝罐，牠覺得那是很光榮的事，於是盡力展現牠的品味，表演閱讀詩詞、聽古典樂……但是主考官給他的評價是：「對不起，查理，我們不需要有品味的鮪魚，而是需要美味的鮪魚。」顯然，查理是一條被否定的鮪魚，因為自己很遜也很囧，這種美式幽默反而引起很多觀眾的共鳴。鮪魚查理玩具於1966上市第一版Chicken of the Sea Mermaid（海底雞美人魚）娃娃，腰部以上是尼龍，以下是布製；1974年生產第二版，由美泰兒代工，會說話，還有九種不同的反應，以5.95美元加三個罐頭標籤換購，還做成電話、撲滿與燈檯等周邊商品。

← Tuna Charlie

CHAPTER 06

精怪變戲法

1950年代美國吹起復古風，1890年代法國Art Nouveau（新藝術）重新流行。20世紀初，歐洲的建築、室內設計、時尚、繪畫、珠寶設計都深受新藝術的影響，這是一種大量發揮自然不對稱或有機線條的藝術，它的放縱與踰矩主要是對19世紀末維多利亞時代壓抑控制的反感，更是對大量制造毫無藝術感的商品時代的大反彈。

但這股潮流傳到美國，新藝術的威力弱了下來，不像在歐洲那麼風起雲湧，美國人覺得新藝術太顛覆了，取而代之的是把新藝術的副作用變成主流，一種非正統的、類似精靈的東西開始冒出頭，在廣告中成為一種新的表現手法。他們就像 Vladimir Propp（1895-1970）普羅普《童話型態學》（Morphology of the Folktale）當中所說的「Magic Agent」一樣，是一種神奇代理人，幫助主角對抗假主角以完成任務。

Wrigley Spearman 1930s

廣告中的小精靈有很多種，第一種是20世紀初很受消費者歡迎的小仙女，譬如Fairy Hand Soap（仙女洗手香皂），它的廣告歌《Have you a little fairy in your house？》大家都能哼上一段。最有名的小仙女是Psyche白岩山仙女，1893年在芝加哥世界展覽會首次亮相的白岩山仙女到底從何而來？她是The Rock Mineral Springs（洛克

Crackle

Snap

Pop

礦泉水）的創辦人在德國畫家Paul Thurman一幅名為《Nature's Mirror》的畫作中發掘的，他一眼就相中了她，立刻說服畫家將Psyche的使用權賣給他用在廣告上。白岩山仙女的外貌歷年來經過不斷的變化，髮型從條頓女人改為明星Mary Pickford的樣子，再改成一個很像《彼德潘》那個身高只有四吋高、頭戴頭巾的小仙女，這就是最後的版本。

當大家對小仙女開始審美疲勞後，第二種精靈Pixies搗蛋鬼出現了。1915年箭牌口香糖推出Spearman（司匹爾曼），這是一個一副頑皮鬼模樣的搗蛋士兵，他先在《箭牌小孩詩集》亮相，這本詩集改編自世界三大童話作家之一，十七世紀法國作家貝侯（Charles Perrault）的《鵝媽媽故事集》（Les Contes de ma mere l'Oye），並改編童謠歌詞推銷箭牌口香糖。一開始，司匹爾曼最多就是一張長方形的箭頭臉，後來才加上口香糖外形的身子，1969年之後，司匹爾曼不再出現。這種小鬼頭路線在當時的廣告界非常普遍，Hotpoint熱點家電也用過，他們與真的惡魔並不是同一國的，他們到處玩耍，一點都不像撒旦那邊的人，頂多就是個耍口技、會腹語的玩偶。

小仙女與搗蛋鬼都是無憂無慮的精靈，他們的動作像在荷葉上飄飛一樣，第三種精靈與他們的路數不同，叫做Elves小不點兒，家樂氏Snap（司耐）、Crackle（柯歐）、Pop（波普）就是最有名的小不點兒三人組。Snap是三個小不點兒當中第一個出馬的，他在1933首次被印在家樂氏米果的包裝

盒上，開啓了小不點兒三人組的時代，也是家樂氏首次使用廣告娃娃，幾年之後 柯歐與波普一一加入陣容，家樂氏小不點兒三人組正式成軍。

廣告中的精靈不一定是小東西，也會用巨人，這就是第四種精靈。Jolly Green Giant（綠巨人裘利）是大家很熟悉的，他是一個面帶微笑、嫩綠色皮膚，粗獷地抓著豌荳夾的大塊頭，他的誕生是因為Pillsbury（菲爾伯瑞）公司發展出一種大豌豆，但吃起來跟小豌豆一樣鮮嫩，一點兒也不老，為了幫巨型豌豆推銷，乾脆以它的外型取名為Green Giants（綠巨人），沒想到卻無法註冊，因為Green Giants是一種普通的形容詞，不具商品名的性質，苦於不能註冊商標，菲爾伯瑞公司只好設計一個圖案，就是綠色巨人，以他作為商標與商品名一起註冊。綠巨人的靈感來自一本食人魔童話書裡的插畫，1956年，菲爾伯瑞一位離職員工 Leo Burnett（李奧貝納）自己出去開廣告公司（他就是大名鼎鼎的李奧貝納廣告公司創始人），菲爾伯瑞公司把這工作交給他，他看著食人魔童話書的插畫良久，總覺得那個巨人似乎少了活力，沒有什麼勁

兒，於是他加了Jolly一字在Green Giant的前面，並修改了巨人的樣貌，變成一個有精力、有精神的巨人。1960年開始，廣告布娃娃又復古了，這回不流行賣娃娃布樣，取而代之的是做好的廣告布娃娃。1963年芝加哥的李奧貝納廣告公司對楂思包袋公司第一次下訂單就訂了7萬5千個綠巨人裘利，身長16吋，以5角美元加三張標籤換購。因為綠巨人裘利太受歡迎了，活動結束後，楂思包袋公司統計共做出60萬個綠巨人裘利。後來綠巨人多了三個夥伴，分別是Woody Woodpecker、Toucan Sam與Little Sprout（小綠芽），每款都銷售了40萬到50萬個不等。

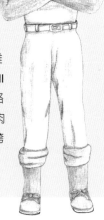

⬤ Green Giant

因為廣告娃娃通常會被做成玩具，所以設計人員都會幻化它們的尺寸，譬如洛克威爾汽車維修服務公司的Rocky, of Rockwell Transmission and Axles（洛基），他雖然是個力大無窮的肌肉男，但是他的腿被縮短，並放大誇張他的軀幹。

廣告商採用神奇娃娃傳達他的商品充滿奇妙神力，就像精怪僕人與水手的結合體Mr. Clean（無塵管家），他猶如一個身在玻璃瓶中的精怪幫你打掃家裡，兩三下清潔溜溜。當時市面上有個很受歡迎的清潔劑第一品牌Lestoil，無塵管家有神奇力量，不費吹灰之力就把對手Lestoil打趴，輕鬆登上市場第一品牌的寶座。然而後來他遭遇一個很難纏的高手「White Knight（潔白武士）」，兩人纏鬥多年。廣告中潔白武士以他的長矛把美國鄉村的街道污垢一掃而空，果然如廣告詞一樣「Stronger Than Dirt」，比頑垢頑強啊！

◀ Mr. Clean 1961

◉ Compbell' s Wizard of O's

第五種精靈是Wizards（巫師）。1970年代Franco-American Spaghetti of O's的意大利麵廣告不管是《占卜者篇》還是《綠野仙蹤篇》，裡面的巫師都有些類似。巫師在廣告中跟精靈的角色功能差不多，造型基本上都很像迪士尼動畫《幻想曲》的米老鼠，穿著長披風、戴著尖帽子，還著著一根神仙棒。就因為巫師這角色神奇又有趣，很有銷售力，連最科學的商品Facit（飛思）電子計算機也派巫師上場，當時採用巫師做

廣告娃娃是因為他們發現同行競爭者都很保守，那些廣告很正常，很商業的調性，Facit電子計算機想出奇致勝，來點有意思的，於是設計了一個飛思巫師印在操作手冊上。

1950到1960年代，電子計算機是人類的新發明，但是它並不是如今大家可以在百貨商場隨手買得到的小工具，而是個機關團體才買得起的龐然大物，它會加減乘除，還會找零錢。當時這個笨重的大機器表演算帳的能耐讓大家都覺得很玄，大概把它跟巫師看成同類吧！

第六種精靈是小丑，跟巫師一樣，他們是人，但是連接真實人生與幻想世界之間。小丑在廣告中都有神奇的力量，麥當勞叔叔就是個小丑，專門逗人笑，廣告中他變變手，就變出窗子與門。六〇年代的小丑很搶手，什麼都能代言，從糖果到麥片都有，兩個最有名的小丑一個是Scoopy，廣告Safe-T Pacific冰淇淋甜筒與彈性吸管；另一個則是為美國Rubber公司廣告旗下品牌Keds零食的小丑。

CHAPTER 07

而成，《布朗小壞蛋歷險記》每週在《紐約預示報》（New York Herald）連載，吸引好幾千個小讀者的追捧，主角是一個裝乖的小壞蛋布朗小男孩與一隻話很多的狗Tige（提各），布朗小壞蛋與提各一天到晚到處闖禍，然後不停的說他下次一定改過。1903年布朗鞋的老闆George Brown看中這一對寶，買下他們廣告布朗鞋，他找來一些侏儒打扮得跟布朗小壞蛋一樣到全美各鄉鎮城市去賣童鞋，廣告詞為「我是布朗小壞蛋，我住在鞋裡面，這是我的狗提各，牠也住在鞋裡面。」後來Outcault自己成立廣告公司推銷他的布朗小壞蛋與提各狗，總共把他們賣給了四十五個企業，舉凡玩具、衣服、雪茄與威士忌等，其中甚至有同類商品，九〇年代末期，還可以看見布朗小壞蛋代言的鞋子與衣服。

從漫畫到卡通

20世紀初到五〇年代電視發明之間的半個世紀，廣告娃娃變得越來越趨向卡通化、抽象化。一開始，漫畫只偶爾出現在報紙上，後來變成華納與迪士尼兩大公司的動畫人物，看樣子，不論男女老幼，大家都喜歡動畫人物。Buster Brown布朗小壞蛋是第一個從卡通人物變成廣告娃娃的，他由漫畫家Richard Outcault於1904年一手孕育

Buster Brown & Tige 1904

漫畫是一種抽象藝術，將人與物的線條大筆簡化，但與其他藝術一樣，每十年經歷一次風格變化。1950年代走個性風，此風崛起是因為當時有一家UPA動畫公司（United Productions of America）的作品引領了風潮，這家公司的聯合創辦人是一群受不了迪士尼公司壓榨的卡通畫家，他們自立門戶出來開業，很篤定地揚棄超現實主義，採用寬鬆筆觸與抽象路數，背景通常只是些線條與色塊，但是幾筆就將人物眼神與動作傳神地表達出來，它們不寫實、不工筆，也不會抽象到無主題無人物，在靠攏卡通的創作之路上又有自己的特色。1950年他們的經典卡通Gerald McBoing-Boing得到學院獎。UPA從自己廣受歡迎的卡通作品中得到暗示，心裡知道可以往這個風格大步邁進，將它變成一種風潮，這就是後來所謂的Googie風格，引領當時很多卡通畫家跟風。1950年代的雜誌到處看得到這類作品，這種風格的廣告娃娃不斷誕生，譬如Whiskey Gangster（山多利無賴）、Drewry's Brewing公司的Big D、德國HB香菸的Cigarette Man（香煙人），以及通用食品無糖凝膠糖的Mr. Wiggle（威各爾先生）。

⬤ Mr. Wiggle 1966

← Ritalin

20世紀中期令人奇怪的是，最怪異的卡通人物大多是廣告藥品的，譬如CIBA/GEIGY公司的Ritalin（利大林），其實它是一種安非他命，用來鎮定好動兒，諷刺的是，也可以用來治療大人的憂鬱症。這個廣告娃娃有張棕色的大笑臉，該藥品公司還做了兩個塑膠娃娃，一個表示使用前的乖戾，另一個代表使用後的快樂。

如果1950年代卡通人物是寬鬆的抽象筆畫，那麼1960年代就是十足粗線條了，根本就像兩歲小孩的塗鴉，當時精細工筆的廣告娃娃都不太爭氣，反而是這種塗鴉出人頭地，因為他們吸引了那些看膩精緻畫的人的目光。其實就算看起來像三歲小孩的畫，也是職業畫家或專業設計人員故意裝嫩畫出來的，在所有假裝小孩塗鴉當中，最好的是郵編先生Mr. Zip。

時間回溯到1963年，美國郵政遇到了一個困難，二十年以來使用的信件分類法顯然不敷使用了，郵政局長J. Edward Day（戴將軍）提議編一套郵政編碼來分信，可是推廣時遭到美國民眾很大的反對，美國人很個性化，覺得這個做法是政府企圖監視他們，人權被侵犯。有一次戴將軍搭機，碰巧與AT&T董事長Frederick Kappel坐在一起，Kappel說他的電話區域碼之前也遇到同樣的問題，推廣的不理想，他跟戴將軍說如果不能好好處理這個問題，美國民眾會大動作拒絕這種郵寄編碼的作法。美國郵政絞盡腦汁後嚐試推出一個叫做Mr. P. O. Zone的漫畫人物當作廣告娃娃，後來改名為Mr. Zip 郵編先生，Zip的全名是Zone Improvement Plan，上帝保佑推出後很受美國人民歡迎，成功化解勸導美國民眾接受郵遞區號的困難。

⬆ Mr. Zip

1940年代漫畫人物被大量創造出來，到了1950年代就沉寂很多。幸運的是，就在五〇年代電視誕生了，漫畫人物變成動態的卡通人，不但改變了它們自己，還改變了觀眾的休閒生活。五〇年代中期，美國只有一半的家庭有電視，剛開始大家把電視當做有畫面的廣播，早期的節目也習慣朝這種概念製作，廣告則是節目主持人站著介紹商品，說個不停，非常無趣，但是當時擁有電視的人在街坊鄰居中以有錢人自居，很自豪，儘管電視不好看，觀眾依然目不轉睛。漸漸的，電視

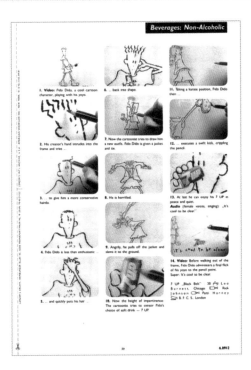

讓廣告娃娃活了起來，廣告娃娃立體化，不再只是印在包裝上，開始有個性，像某個真人似的，這時候做廣告服務的人有活兒幹了，廣告公司多了起來。以前廣告娃娃只要好看，有吸引力就可以，電視時代來了，要求更高，六〇年代的廣告人也知道如果要設計一個有記憶點的廣告娃娃，勢必得找有經驗的動畫設計人員支援不可。在此

情勢下，家樂氏三個小不點兒、坎培爾小孩就被安排走進動畫廣告裡，桂格先生也不能免俗地改變自己。再者電視讓廣告娃娃開口說話或唱歌了，奇奎塔香蕉的加勒比海旋律、加州葡萄乾的黑人靈魂樂、查理鮪魚也配上感性酷酷的嗓音，為廣告增加了不少記憶度。

● 7-up電視廣告腳本，引自《LURZER'S INT'L ARCHIVE》雜誌，年代期數不詳，p.33

但也不是每個廣告娃娃都適應動畫人生，艾爾希乳牛就是一例，綠巨人裘利初期也水土不服，表現不佳，廣告公司為他塑造很多個性，不斷調整，就是不成功，最後只好讓他站在叢林中，給他個遠鏡頭，只要他來個招牌笑容就可以了。知道在綠巨人裘利身上沒搞頭之後，菲爾伯瑞公司要李奧貝納廣告公司趕緊提新的廣告案，1968年李奧貝納把客戶多年前沒利用的Green Sprout（小綠芽）挖出來動腦筋。小綠芽是一個以淘氣男孩為藍本創造出來的怪胎，他跑遍整個山谷，不停惹禍，卻很吸引觀眾的眼球。他跟裘利綠巨人的關係，在廣告中從來沒有交待過，到底是綠巨人的兒子還是小跟班，狀況不明，但肯定的是，他在很短的時間內就紅了。

廣告公仔作秀100年

⊘ Little Sprout 1973

➜ 7-up Spots 1988

當七喜公司（7-up）要求李奧貝納廣告也做一個動畫代言人時，李奧貝納去找迪士尼幫忙。其實七喜是迪士尼電視節目的贊助商，所以廣告片出現在迪士尼Zorro系列節目是個好安排。迪士尼為七喜想出一個名為Fresh-Up Freddie（來勁佛萊迪）的誇張人物，他容易亢奮躁狂，所以老是讓自己身處尷尬境地，不得不開溜大吉的時候總是唱著一句「這不七喜！這不七喜！」的廣告唱詞。這廣告很紅，但現在很少人記得了，雖然它創造了七喜的銷售量，但是來勁佛萊迪卻沒在消費者的腦海中停留下來，可能因為沒有人知道他到底是個什麼，只模糊記得他很狂躁的熱情，但是在每次廣告中他的造型與個性太多變了。

1963年桂格花五百萬美元打新廣告，還聘Jay Ward幫Cap'n

Crunch（克朗奇船長）甜味麥片做廣告，克朗奇船長是桂格的新商品，一種碎麥片零食，Ward以路易斯安那州歷史中頂頂大名的真海盜Jean Lafitte（吉拉費）為設計典型，但重新修正形象為反傳統的可愛船長，克朗奇船長帶著一隻海狗與一幫小孩在海上對抗海盜，以免麥片被海盜搶了。克朗奇船長很有趣，兩年內就成為全美最暢銷的兩款甜麥片之一，1978年推出克勞奇艦長廣告布娃娃，1989又出了第二款。

➜ Cap'n Crunch 1974

整個電視時代中沒有一個比菲爾伯瑞的Puppin'Fresh（新鮮麵糰娃娃，又名Doughboy）

的設計與執行更完美了，直到今天依然相當活躍，五十年屹立不搖，他是李奧貝納廣告公司的Rudi Perz設計出來的，在Perz加入發想團隊前，當時的創意只發展到只要輕拍一下商品包裝，就戲劇性的爆出來一個白色麵團，Perz接手後把麵糰轉化成一個麵糰娃娃。早期的新鮮麵糰娃娃是個害羞的人，像個小孩一樣，被人讚美一下就臉紅，手足無措，只會把手放在肚皮上；現在的新鮮麵糰娃娃大方多了，演奏協奏曲、唱藍調或饒舌歌，還會彈吉他，變成一個多才多藝的藝人似的。在廣告娃娃收藏者的心中，新鮮麵糰娃娃猶如金礦，周邊商品如電話、餅乾罐、椒鹽罐、撲滿等身價都不低，因為他在七○年代一出道就紅了，很討喜，不僅他自己，包括他的Uncle Rollie（羅利叔叔）、兩個孩子Popper（波波）與Bun

Bun（奔奔），以及其他周邊商品當時都賣進了Sears百貨公司呢！

🌀 Doughboy

1930至1940年代，廣告公司發展出很多個性化的廣告娃娃後，廣告人開始做實驗了。雖然廣告主偏愛他們的廣告娃娃設計成強而有力、英雄主義，或是誠實的形象，但廣告人認為這些屬性雖然高尚，但是電視觀眾卻覺得無趣，於是提議一些形象怪異的個性廣告娃娃，試水之後，果然發現他們更受消費者喜歡，重要的是，記憶度更強。譬如Burgermeister 柏格曼斯特啤酒的Burgie Man（伯基曼），很明顯，他的漫畫形象沿襲了

UPA的風格，個性上，伯基曼被設定為一個沒用的傢伙，超級衰尾道人，從來沒有得志過，跟整個世界格格不入，他受歡迎是因為他很白目，有時還是笑話破梗者，一般人經過努力多少得到應得的收穫，但這個失意者總是衰臉一張，成事不足敗事有餘，沒跟任何人事物對盤過，老是無法水到渠成。這個憂傷的矮個兒男人在1950到1960年代頻頻出現在一系列電視廣告中，那些廣告都非常經典，譬如他站在螢幕中，向觀眾介紹柏格曼斯特啤酒，旁邊一隻波斯貓自顧自地玩自個兒的。伯基曼說道：「因為這啤酒是貓的……」話未說完，被波斯貓搶去風采「喵」了一聲，伯基曼困惑不解，對觀眾說「牠應該說Pajamas才對啊！」【註：Cat's Pajamas是美好的事的意思。】這種美式幽默讓美國人哈哈大笑。

◀ Burgie 1960s

另一個精彩的失意者廣告娃娃是1959年的Trix Rabbit（特利思兔子），牠是一隻喜歡吃麥片不愛吃胡蘿蔔的傻兔子，由DFS廣告公司出品。前面提到的伯基曼走到哪兒都衰，連路貓都欺負他，主要原因是因為他沒自信；但是這隻特利思兔子很清楚牠要什麼，牠不缺自信，只是不走運，他一直無法成功完全是因為受制於別人，在這個世界上牠最需要的就是一碗Trix特利思麥片，但是跟小孩索求卻被小孩們拒絕，還被罵：「笨兔子！特利思是給小孩吃的啦！」（Silly rabbit, Trix are for kids.）特利思兔子同時觸動了小孩與大人的心，小孩看得哈哈大笑，因為廣告中角色顛倒，在現實生活中，通常被阻止、被教訓的都是小孩，大人看了也覺得有趣是因為他們對兔子的心情感同身受。這樣的系列故事一演就演了三十年，後來很多成功的廣告都得感謝特利思兔子，因為在創意的邏輯上，似乎都有點兒得到這系列廣告的啓發。通用食品一直不想進入玩具市場，但到了1970年代他們不能免俗地也做了第一個廣告娃娃，但那個娃娃並不成功，與麥片也沒什麼關係，1977年終於將特利思兔子的玩偶製作出來。

隔年重新推出Jack Armstrong廣播劇,還準備了Jack Armstrong探險家望遠鏡、遊騎兵模型飛機等贈品,該年不但榮膺兒童早餐冠軍,並列入美國運動員早餐菜單,請來很多棒球選手推薦它,1939年還贊助體育廣播台的棒球比賽……通用麵粉另一款麥片Cheerios則設計成漫畫人物,1942年發展成動畫,與Wheaties一樣,Cheerios吸引的也是男生,小男孩或是大男孩,一個愛運動,一個愛冒險,但都不愛玩偶,在一片廣告娃娃戰中,通用麵粉運用市場區隔找到市場空白,圈了一大片地,以此新行銷策略啓發了後人。

● Trix Rabbit 1977

並不是每個品牌的促銷贈品都是廣告娃娃,也有另闢奚徑的,General Mills(通用麵粉)就是一例。雖然通用麵粉設計了很多廣告人物,但他們很少做成玩具。1921年通用麵粉推出Betty Crocker,其實她並不是真的人,而是個虛擬女性,她是通用麵粉消費者服務部門擬人化的人物,在以她為名的廣播節目裡闢了一個烹調教室,出版食譜書,開辦烹飪學校,回答各種烘焙問題的來信。1945年她在《財富》雜誌的全美最有名女人票選中獲得第二名,第一名是羅斯福總統夫人,可見Betty Crocker的社會地位。這樣不具體的名人,通用麵粉一直保持神秘不讓她曝光,直到1950年才被製作成廣告娃娃,到底她長什麼樣子呢?謎底揭曉,原來是個長相再普通不過的白人家庭婦女。

再則,通用麵粉第一個麥片商品Wheatiess於1924年上市,依然不打廣告娃娃促銷戰,它的行銷策略朝運動方向發展,贈品偏向男孩喜歡的東西,顯然目標群不是女孩而是小男生。通用麵粉很懂得運用媒體,重用廣播與電視,1932年在廣播中推出一個小男孩Skippy對小孩介紹麥片,

CHAPTER 08

覺；1969年出生的大同寶寶則是「小孩當道」的翻版，在美國，這種運動男孩的廣告娃娃比比皆是；1970年上市的王子麵王子則以當時最新的藝術潮流「漫畫」完成造型勾勒⋯⋯

● 大同寶寶

六〇年代的台灣廣告娃娃表現得出人意外地稱職，不斷鼓勵電視機前的小朋友們央求父母買個大同電扇、冰箱或電鍋以獲得贈品。當時大同家電的促銷法是凡購買1萬元以上即贈送一個大同寶

後記　繼續造娃運動

靠廣告娃娃吃飯的促銷點子自美國流行全世界，當然也到了台灣。八〇年代中期台灣全面開放外國商品進口之前，本土品牌可能藉由出國考察學到了廣告娃娃這招，回台灣就開始造娃運動，複製別人的成功經驗。譬如1968年出場的乖乖先生就是「真人模特兒」的典型，他被刻意放大上半身的模樣，與一些美國廣告娃娃有似曾相識的感

寶，在那個物資缺乏的時代，大同寶寶的到來，部份好處是可以幫父母省下為小孩買玩具的錢，如果小孩玩膩了，還可以充當客廳的裝飾品，大人小孩各懷鬼胎，彼此見獵心喜，於是一舉拿下。另一批小孩則三天兩頭買王子麵或乖乖，與同學狂熱交換標籤以換得塑膠小玩偶。這種大家小時候都玩過的廣告遊戲，壽命其實超過一百年，儘管沒新意，也沒有被推翻，一點也沒有退燒跡象。每一代的小孩都是這樣長大的，玩具對小孩來說永遠都有吸引力，蒐集標籤換玩偶更是樂此不疲。台灣目前打得如火如荼的便利店行銷戰不還在玩這套嗎？到底一百多年前是誰想出這種夢幻逸品蒐集法的呢？天才。

● 王子麵 ● 乖乖

美國流行DIY廣告娃娃布樣的兩個階段也正是美國人民手頭最緊的年代，一個是大蕭條前後的1920至1930年代；另一個則是越戰（1959-1975）中的1960至1970年代。美國三〇年代非常不景氣，人心惶惶，紐約人儘管軟囊羞澀，但外表依然光鮮亮麗，頂著寒風刺骨，穿著西裝與羊

毛大衣排隊領失業救濟金，多麼無奈又落差大的人生。至於打了十六年的越戰則讓美國人心整個大翻騰，對反戰的渴望、對自由的吶喊、對價值觀的叛逆、對國家社會的抗議等，都源於人民對未來的恐懼與無力，經濟的疲軟不振讓美國人民越來越懷疑到底為何而戰，很多人在那個年代放逐自己，裸奔、嗑藥、自殺、學運⋯⋯無非只是想找一個生命的出口而已，在這種壓抑的年代生存需要很高的EQ與量入為出的理性，難免一部份人活的沒有明天，他們不存錢只玩樂，麻痺自己；另一部份人還想有明天的，則是娛樂能省則省，可以想見他們的小孩沒有零用錢，沒有零食，更沒有新玩具。如果大多數消費者度小月不消費，企業該怎麼存活下去呢？勢必得營利才能避免釋放出更多的失業人口，手上的牌很少，比較確定有效

的就是促銷了，因為企業必須將商品變現，現金不管在通膨或通縮都是命脈。有趣的是，企業抓到的救生浮木是一群小孩、動物或精靈，然而他們不是真的小孩、動物與精靈，只是紙上談兵，但是大家都當它們是活生生的小玩意兒，會蹦、會跳、會說話，還有魔力要大人掏錢出來買東西，非常神通廣大。這些廣告娃娃有時候是品牌代言人的身份，有些則只是來代班當促銷員的，過了促銷期就被遣散了。

← KFC，攝於北京KFC

促銷廣告一向是廣告人最不愛做的，總覺得它不是作品，不能拿去比賽，這種稿子做多了，感覺腦子快發霉，人氣下滑，淪為二軍的焦慮感無時無刻不糾纏著自己，讓自己坐立難安。因為促銷廣告不太需要發想什麼絕妙的廣告概念，只要別緻易懂的小創意就可以了，用左手做做就行，即便從客戶那兒拿到的玩具熊、無尾熊，或趴趴熊再怎麼宇宙無敵可愛，也無法讓自己提起勁。這應該是廣告人在景氣鼎盛時期的妄想式驕傲吧！但是當這世界越來越多天災人禍，金融風暴爆了又爆，末日預言到處流傳，人還奢求什麼？廣告娃娃真的會賺錢，就像老人家說的，小嬰兒自己

會帶財來，那些錢足夠養活他自己及家人。實際又現實的企業一向開口要廣告人為他們做的是「吉祥物」，而不說是「廣告娃娃」，潛台詞是：如果不吉祥就換一個吉祥的。吉祥物對他們來說很便宜、忠誠又有效，不須要豢養，只需要利用，反正它們不會背叛，非常放心。我對玩偶一向很有感情，不愛做促銷廣告應該是我不願意看見他們被差遣，呼之即來揮之即去吧！

當年盛行的廣告娃娃就像現在大量曝光的廣告代言人一樣，這種腳本創意很容易發想，提案不難，執行也沒什麼大不了，基本上連一個腦細胞也不必折損，只要代言人出來就對了，伺候就可以了。那個代言藝人的工作也很輕鬆，拍片兩天，進帳數百萬或數千萬，不論計算單位是美元、台幣或人民幣。對於想創意如便秘，搶客戶很費勁的部份廣告人來說，這個捷徑著實讓大家可以藉機偷懶休息，大樹下喘口氣，基本上現在各國廣告人都是靠這方法避免過勞死的，起碼可以減少通宵達旦，減輕精神衰弱。對於因為壓力過大成為大小病號的廣告人來說，代言娃娃與代言人堪稱是救命恩人，而它們被使用的機率越高，越顯示該國的社會生存壓力。就我觀察美國、日本、香港、台灣、中國大陸的電視廣告片，日本是這方面的重度使用者，簡直是濫用，

大概百分之九十八採用代言人，大部份是女藝人，個個荷包飽滿，足以想見日本廣告人很壓抑，那種鬱悶足以讓腦袋扭曲，偏向被名人綁架。有過之而無不及的是中國大陸，銀彈有如噴射槍一樣對天對地沒命掃射，砸大錢完全不眨眼不手軟，不管代言商品是一億元房地產還是一塊錢方便麵，數不清的明星藝人從廣告時段的第一秒演到最後一秒，廣告時段之後，又是藝人出演的連續劇與綜藝節目，這個現象足比讓望女成鳳的父母冒出一個美妙的遐想，於是堅持十多年付出昂貴的學藝費，苦心栽培女兒能唱、能跳又能演，並送去整容醫院……終於等到十八歲的冬天，讓女兒頂著大雪天出門排隊報考藝校。其實絕大多數女孩兒都是自願走這條路的，沒有被迫的無奈，因為一天二十四小時，全大陸上千家大小電視台每一秒都需要漂亮的面孔充場面，需求量真的很大，問題是報名的人更多，平均一個人一生能分到十五秒特寫鏡頭就不錯了。可悲的是總是有少數幾個女藝人一直攏斷著美女經濟，長青時間長達二十年以上，大家都已經審美疲勞了，但是無處可以控告，也沒有反托拉斯法可以約束。

這樣比起來，廣告娃娃的主人為廣告娃娃的付出就太少了，根本沒栽培過廣告娃娃，成長過程中

廣告公仔作秀100年

沒到孕育它們的廣告公司陪伴過，只付出一點設計費給廣告公司，就在會議室得到了一整排娃娃供他們挑選，挑三揀四選中一個之後還改來改去，修修臉改改屁股，折騰來折騰去，沒什麼好改的就改顏色，好容易確定了就開始把她當童養媳使喚，叫她做任何事，擺任何動作，去任何地方，說任何話，要她上山下海走鋼索，她都得帶笑完成，廣告主自己則躲在幕後算人氣、數鈔票。我在美國廣告娃娃線上博物館看過近百年來出師不利身先死的廣告娃娃們，退役幾十年還是一副無辜可愛的模樣，她們的壽命有長有短，最短的可能只有一年，也有長達五十歲終究不敵市場規律壽終正寢的。廣告娃娃得人疼是因為她們比真人好用，不鬧緋聞、不吸毒、不失言、不上夜店、不耍大牌、不違約、不罷工、不失蹤、沒怨言、不預支薪水、不告主人剝削、不夜奔敵營、沒拿酬勞、不抬身價，不要求加薪……讓主人予取予求，而生她的廣告人卻愛莫能助，廣告人在此比較像代理孕母，只負責孕育，但不是監護人，沒有著作權，只有被授權的使用權，只能算作者，卻不擁有作品……怎麼會這樣呢？因為廣告人不是藝術家，每個完成品無法落款署名，完全貢獻給廣告公司，又賣斷給廣告客戶。

當我進入廣告界時，美國的廣告娃娃們大多已是老頑童了，這些依然健步如飛的廣告娃娃在全世界出差並紮根下來，台北街頭到處站著來自美國的麥當勞叔叔或肯德基上校，走進超市滿眼是Quaker桂格先生、Gerber Baby嘉寶嬰兒、Kellogg's家樂氏東尼虎，M&M's人、7-up七喜先生……等。所有的廣告娃娃中，我最喜歡的是Kewpie，一個微微低頭，眨著大眼睛偷偷瞄你的光溜溜小小孩。她並不招搖過市，從沒站在路旁陪小孩拍照，就算在超市也不容易發現，她在美國以玩偶的身份誕生，但同年被授權到日本做Kewpie食品的廣告娃娃，並在那兒發跡行銷全世界，正因如此，很多人誤以為她是日本的廣告娃娃。Kewpie是1919年由一個名為Rose O'Neill的美國婦女一手設計出來的，那是第一次大戰（1914-1918）結束的次年，可能因為美國毫髮無傷，才能孕育這麼可愛的玩偶吧！Kewpie在美國一直是聖誕節的熱門商品，我在一張當年的小格黑白報紙廣告中看到，那年主打的Kewpie身高8吋半，體重12盎斯（350公克），每個單價5角8分美元，文案寫著Kewpie是很棒的禮品與家庭擺飾品，相較於同時間進行的廣告娃娃只要標籤外加2角美元即可自己動手做一個廣告布娃娃，

Kewpie 相當昂貴，難怪她被定位為禮品而非玩具。1925年Kewpie在日本設玩具工廠，商品銷售全亞洲，看來大家小時候玩的Kewpie都是日本製的。正因為我對她有著最初的疼愛，即使一向不愛沙拉醬的我，為了擁有一個瓶蓋印著Kewpie的玻璃罐，連吃了一週蘋果沙拉，真的太難為自己了，這就是廣告娃娃對我施的魔法。

KEWPIE →

CHAPTER 09

行，而做成廣告娃娃是很有效的，但是廣告娃娃
如何設計並無章法，全憑經驗與感覺，只要大致
上符合主題就會被採用，廣告娃娃的造型隨設計
者自己設定，一般而言，會讓廣告娃娃拿著商品
表示他們就是使用者。命名上，早期各企業會幫
他們取一個人名，但是跟商品名沒什麼關係，譬
如：1905年的Sunny Jim（陽光吉姆）是Force
（佛斯）麥片的廣告娃娃。後來企業有了經驗，
知道廣告娃娃最好冠上品牌才能與商品有關聯
性，以發揮最大廣告效果。1890年廣告人物做成
布娃娃在美國初試啼聲擔任促銷的工作後，1900
年開始逐漸扛起重責大任，主要原因是布娃娃成
本低，功效卻很大，業務員把它當做推銷道具刺
激銷售，還能讓顧客記住商品。但是當時作為換
購的廣告娃娃不是成品，而是一張布樣，所謂布
樣就是在棉布上印上廣告娃娃的前面與背
後，外圍一圈虛線是

附錄　廣告娃娃簡史
（1890s-1960s）

1890s布製

20世紀初，美國廣告業剛起步，所有的企業主
都在摸索該怎麼做行銷與廣告，所謂的「廣告公
司」也還沒被市場叫喚出來，企業得自己想辦法
賣商品，他們隱約覺得必須有個廣告代言人物才

剪裁線，布樣上印了簡單的縫製說明，只要依虛線裁下、縫邊、塞棉花，最後縫口，這樣一個前後兩面的布娃娃就完成了。1920至1930年代，美國印刷廠忙的就是大量印製廣告娃娃布樣，這絕對是印刷廠、娃娃工廠，廣告公司，與廣告主四者之間首次異業結合的開始。

一次世界大戰（1914-1918）之前，全世界的玩具娃娃工廠集中在德國與法國，他們以出口為大宗，專門生產高級的搪瓷娃娃，娃娃的頭部、肩部、下手臂、下腿部都是瓷的，與布身體固定住，外面穿著華麗的緞面蕾絲衣裙，綴著蝴蝶結，完全手工，成本很高，因此售價昂貴。因為她們很脆弱，玩耍的時候必須很小心，儼然

是小女孩週末上完教會，一週只能玩一次的珍品，更像是有錢人家小孩的財富，可以拿來炫耀，拍照當做道具的東西。這種瓷娃娃流傳到美國，大部份的歐洲移民家庭根本買不起，一般平民玩的布娃娃自然普遍起來。布娃娃很便宜又不怕玩弄，幾乎不會壞，頂多縫縫補補，無傷大雅，而且越髒越舊越拙，就越顯可愛。

✏ Sunny Jim

美國新英格蘭地區在1840年的布娃娃產業開始於家庭工廠，羅德島少婦Izannah Walker（渥克夫人），完全沒有想過她因此開啟了平民娃娃運動。她的布娃娃很簡單，布做的身體，配上一張油畫的臉，但在當時也算新鮮，可惜沒有引起市場太大的注意，直到她朋友的女兒Martha Jenks Chase（瑪莎・查士）改良她的點子而且發展成chase doll（查士娃娃），以油畫寫實手法手繪娃娃五官的布娃娃，顏料防水，採用彈性面料，娃娃成本很低廉，但看起來卻比那些光滑細緻的法德進口瓷娃娃還要惹人憐愛，當瓷娃娃只可遠觀不可褻玩的時候，布娃娃變成女孩的隨身玩伴與好朋友。瑪莎・查士跟很多女性娃娃設計師一樣喜歡柔軟的、好抱的娃娃，對那些男設計師設計的機關娃娃不敢苟同。

瑪莎・查士於1889年成立M. J. Chase（查士公司），隔年成立全美第一條布娃娃生產線，十年後布娃娃賣進新英格蘭地區的百貨公司，包括梅西、F. A. O. Schwarz玩具百貨、Gimbel Brothers、Best and Company、Wanamakers等。查士娃娃有各種不同的尺吋與價位，最大的吸引力是她們的價位合理，比瓷娃娃便宜很多。1890年代，一般美國人的年薪為233到486美元，一個查士娃娃售價0.5至2.5美元不等。不同於其他布娃娃或瓷娃娃的是，查士娃娃就像是個小小孩，絕非大人，稚氣的小臉上，五官很寫實，看起來跟真小孩一樣。

渥克夫人當時就提出她的布娃娃很好清洗的訴求，瑪莎・查士則進一步標榜她的查士娃娃不留病菌，顏料不溶解，不僅無毒而且不褪色。因為可以常常清洗，當然不留病菌，這大概是最早的安全玩具的概念吧！1880年代開始美國家長越來越注意玩具的衛生問題，因此乾淨衛生是個很好的廣告訴求。當時美國與英國陸續冒出跟風者，也是競爭者，幾乎所有的娃娃工廠都宣稱他們的布娃娃是衛生娃娃，經得起小孩揉玩又經得起清洗。

那個時候賣的布娃娃不一定是成品，有些是版型，也就是布樣。娃娃工廠將娃娃整個模樣，包括頭髮、臉龐五官、衣著、鞋子以平版印刷印在一整片面料上，大部份是用尼龍布或細棉布，一塊面積五十公分平方不到的布上，左邊印娃娃正面，右邊印娃娃背面。專門印這種娃娃布樣的有兩大印刷廠，一個是麻州的Arnold Print Works，另一個則是紐約的Art Fabric Mills。孩子的媽媽買回去之後只要沿著娃娃外形裁下來，沿邊縫起來，塞進棉花，再縫缺口就行了，廣告主就是看上娃娃布樣成本低廉，將它當作促銷贈品，每張布樣平均成本2至25分美元，向消費者要求2角美元完全可以抵銷印製與管理成本，而當時的婦女平常就常做布偶給孩子玩，花2角錢換購一個廣告娃娃版型，做娃娃給小孩玩，很經濟也趕得上流行，因為廣告娃娃都穿著當時最流行的衣服，小孩子都喜歡。

1950s塑膠製

二次大戰後，美國女孩們似乎迫不及待長大，對娃娃的喜好悄悄改變，偏愛選擇小姐娃娃，也就是具有胸部與其他女

性特徵的娃娃，Ideal Novelty and Toy Company（愛迪爾玩具公司）在1940年代晚期率先改變商品設計，大膽嘗試採用新發明的材質「塑膠」開模製作一款名為Miss Revlons（露華濃小姐）的娃娃，從1950年到1958年連續製作了四款露華濃小姐，她們可說是當時最華麗的廣告娃娃，配件非常多，宴會服與家居服一套套，全身上下反映了當時女性的流行，包括束腰、緊身上衣、膨膨裙，與高跟鞋等，帶領廣告娃娃從樸實的布娃娃直奔歐洲時尚娃娃的潮流。不得不讓人聯想後來美泰兒公司出品的芭比娃娃，也許芭比的靈感就來自露華濃小姐吧！

⬤ Miss Revlon

當時很多企業一窩蜂製作塑膠的廣告娃娃，特別一提的是風行口袋玩偶，就是小塑膠玩偶，像坎培爾食品Wizard of O's（綠野仙蹤）、Magic Chief、Keebler Elf、Doughboy（麵糰娃娃）、Big Boy（胖小子）、麥當勞、綠巨人罐頭的Little Sprout（小嫩芽）、家樂氏的Snap、Crackle等，都加做這種小玩偶。1976年麥當勞更一系列推出Big Mac、Grimace、Mayor McCheese、Caption Crook與教授先生等。1970

年代企業流行與電影結合，超人、蝙蝠俠，與中性玩偶等這些人物身上的細節多，塑膠材質是最適合的製作材料。

1950s絨毛製

自從20世紀初，娃娃工廠就不斷嘗試不同的娃娃材料，直到現在大家還是普遍認為絨毛娃娃是所有年紀的人的最愛。第一隻絨毛面料的廣告娃娃出現在1950年，大部份的絨毛玩偶都是動物，像雀巢Quit兔、True temper Eager Beaver，以及麥斯威爾熊。1980年代流行色彩鮮豔的動物和卡通人物，像Dole Bananimals與Del Monte Country Yumkins等，用色都很強烈。

1960s布製娃娃復古

六〇年代的美國，經濟變成是個大問題，廣告客戶付不起華麗娃娃當作贈品，節流成為主流，使得1960與1970年代，廣告布娃娃又復活了，北卡羅萊納州的Chase Bag（楂思包袋）公司成了最大受益者。

楂思包袋公司在1963年之前的一百年專做可可與咖啡的麻袋生意，與玩具娃娃一點關係也沒有，

但是卻因為他擅長做麻袋，使得他對印布娃娃的布樣駕輕就熟，因為廣告布娃娃的版型就是One Piece（一片布）的，即所謂的Pillow Doll（枕頭娃娃），當他們接到廣告公司的設計稿後，楂思包袋公司的設計師將設計圖的線條再簡化之，確保一片布剪裁不失誤，並修正娃娃的五官線條，不是弧線就是簡單的圈圈，外形角度也很簡約，與二〇年代廣告布娃娃不同的是，楂思包袋公司將娃娃的手臂與身體分開些，兩腿也站開一點兒，以增加枕頭娃娃的人形輪廓。

楂思包袋公司連續二十年幫美國很多知名品牌做了數不清的廣告布娃娃，二〇年代每款廣告布娃娃頂多製作幾萬個，但到了1960年代大爆發，最大的一筆訂單是1966年與麥當勞簽約製作一個名為Ronald Mcdonald的小丑，也就是現在的

麥當勞叔叔，零售價1.25美元，光這個娃娃一年就做了一百萬個，將麥當勞一舉拱上全美速食店的龍頭地位。至於競爭者漢堡王的漢堡王娃娃，第一款在1972年製作，身長16吋，隔年又做了第二款。兩款不同之處在於，前者胸前畫了個空心圈，後者則在空心圈內放進了漢堡王的商標，兩款合計共製作了七十萬個。此外，自1963年到1980年，楂思包袋公司還做出三十萬個Pillsbury Doughboy（菲爾伯瑞麵糰娃娃）、十五萬個哈蒂漢堡Gilbert Giddy Up等。

🔴 McDonald 🍔 Burger King

1970年代楂思包袋公司作為布娃娃的重要推手，也讓自己搶下當時最大廣告娃娃工廠的寶座，一週做幾十萬個娃娃不足為奇。這樣的盛況直到1980年廣告布娃娃不再流行為止。

新美學08　PH0058

新銳文創
INDEPENDENT & UNIQUE

廣告公仔作秀100年
American Advertising Characters since 1883

作　　者	梁庭嘉
責任編輯	林泰宏
圖文排版	陳佩蓉
封面設計	陳佩蓉
插　　畫	梁淑芳

出版策劃	新銳文創
製作發行	秀威資訊科技股份有限公司
	114 台北市內湖區瑞光路76巷65號1樓
	電話：+886-2-2796-3638　傳真：+886-2-2796-1377
	服務信箱：service@showwe.com.tw
	http://www.showwe.com.tw
郵政劃撥	19563868　戶名：秀威資訊科技股份有限公司
展售門市	國家書店【松江門市】
	104 台北市中山區松江路209號1樓
	電話：+886-2-2518-0207　傳真：+886-2-2518-0778
網路訂購	秀威網路書店：http://www.bodbooks.com.tw
	國家網路書店：http://www.govbooks.com.tw
法律顧問	毛國樑　律師
圖書經銷	貿騰發賣股份有限公司
	235 新北市中和區中正路880號14樓
	電話：+886-2-8227-5988　傳真：+886-2-8227-5989

出版日期	2011年12月　一版
定　　價	320元

Printed in Taiwan

國家圖書館出版品預行編目

廣告公仔作秀100年/ 梁庭嘉文. -- 一版.
-- 臺北市：新銳文創, 2011.12
　　面；　公分. --（新美學；PH0058）
　ISBN　978-986-6094-35-4（平裝）

497.9　　　　　　　　　　　100018862

讀者回函卡

感謝您購買本書，為提升服務品質，請填妥以下資料，將讀者回函卡直接寄回或傳真本公司，收到您的寶貴意見後，我們會收藏記錄及檢討，謝謝！

如您需要了解本公司最新出版書目、購書優惠或企劃活動，歡迎您上網查詢或下載相關資料：

http:// www.showwe.com.tw

您購買的書名：＿＿＿＿＿＿＿＿＿＿＿＿＿＿＿＿＿＿＿＿＿＿＿＿＿＿＿＿＿＿＿

出生日期：＿＿＿＿年＿＿＿＿月＿＿＿＿日

學歷：□高中 (含) 以下　　□大專　　□研究所 (含) 以上

職業：□製造業　□金融業　□資訊業　□軍警　□傳播業　□自由業　□服務業　□公務員　□教職
　　　□學生　　□家管　　□其它＿＿＿＿＿＿＿＿＿＿＿＿＿＿＿＿

購書地點：□網路書店　□實體書店　□書展　□郵購　□贈閱　□其他

您從何得知本書的消息？

　□網路書店　□實體書店　□網路搜尋　□電子報　□書訊　□雜誌　□傳播媒體　□親友推薦

　□網站推薦　□部落格　　□其他＿＿＿＿＿＿＿＿＿＿＿＿＿＿＿＿

您對本書的評價：（請填代號　1.非常滿意　2.滿意　3.尚可　4.再改進）

　封面設計＿＿＿＿　版面編排＿＿＿＿　內容　＿＿＿＿　文／譯筆＿＿＿＿　價格＿＿＿＿

讀完書後您覺得：

　□很有收穫　□有收穫　□收穫不多　□沒收穫

對我們的建議：＿＿＿＿＿＿＿＿＿＿＿＿＿＿＿＿＿＿＿＿＿＿＿＿＿＿＿＿＿

＿＿＿＿＿＿＿＿＿＿＿＿＿＿＿＿＿＿＿＿＿＿＿＿＿＿＿＿＿＿＿＿＿＿＿＿＿

＿＿＿＿＿＿＿＿＿＿＿＿＿＿＿＿＿＿＿＿＿＿＿＿＿＿＿＿＿＿＿＿＿＿＿＿＿

11466
台北市內湖區瑞光路 76 巷 65 號 1 樓

秀威資訊科技股份有限公司 收

BOD 數位出版事業部

（請沿線對折寄回，謝謝！）

姓　　名：＿＿＿＿＿＿＿＿＿＿＿＿＿　年齡：＿＿＿＿＿　性別：□女　□男

郵遞區號：□□□□□

地　　址：＿＿＿＿＿＿＿＿＿＿＿＿＿＿＿＿＿＿＿＿＿＿＿＿＿＿＿＿

聯絡電話：(日) ＿＿＿＿＿＿＿＿＿＿＿＿＿　(夜) ＿＿＿＿＿＿＿＿＿＿＿＿

E-mail：＿＿＿＿＿＿＿＿＿＿＿＿＿＿＿＿＿＿＿＿＿＿＿＿＿＿＿＿＿